活在当下 离苦得乐

冯晓东

正念转化焦虑、
抑郁及失眠之苦

冯晓东 著

风暴中的宁静

机械工业出版社
CHINA MACHINE PRESS

当今社会变化速度越来越快，越来越多的人陷入焦虑、抑郁以及失眠等诸多身心挑战中，甚至产生各种症状，严重影响工作和生活。目前，焦虑、抑郁及失眠等身心问题主要依赖药物治疗，但药物治疗有副作用，有依赖性，且通常治标不治本。在这种背景下，本书提供了一套无副作用且能从根本上解决问题的转化方案——正念心理学。本书独创性地揭示了焦虑、抑郁及失眠等身心问题的心理根源，即我们内在强大的负面思维、情绪和行为模式所形成的循环，通过整合正念练习以及心理学正见，本书建立了与思维、情绪相处的新方式，进而实现在循环的每个环节解决问题。本书结合心理学理论、正念练习方法、具体案例以及实证数据，还有配套的8个音频冥想练习，为读者提供了一套有理有据的实用方法，简单易行，效果显著。读者通过自己掌握和练习正念、正见的方法，得以不断提升内心的力量，进而掌握自己的健康和命运。

图书在版编目（CIP）数据

风暴中的宁静：正念转化焦虑、抑郁及失眠之苦 / 冯晓东著 . -- 北京：机械工业出版社，2025.6.
ISBN 978-7-111-78529-3

Ⅰ. B842.6-49

中国国家版本馆 CIP 数据核字第 2025RK3524 号

机械工业出版社（北京市百万庄大街22号　邮政编码100037）
策划编辑：欧阳智　　　　　　　　　　　责任编辑：欧阳智
责任校对：颜梦璐　王小童　景　飞　　　封面设计：张　博
北京铭成印刷有限公司印刷
2025年7月第1版第1次印刷
130mm×185mm·12.25印张·2插页·221千字
标准书号：ISBN 978-7-111-78529-3
定价：69.00元

电话服务　　　　　　　　　网络服务
客服电话：010-88361066　　机　工　官　网：www.cmpbook.com
　　　　　010-88379833　　机　工　官　博：weibo.com/cmp1952
　　　　　010-68326294　　金　书　网：www.golden-book.com
封底无防伪标均为盗版　机工教育服务网：www.cmpedu.com

献给我亲爱的家人
我的太太丁丁、女儿月月、儿子阳阳
祝愿你们永远活在爱中

献给世界上所有受苦的人
祝愿每个人都能离苦得乐

隐私保护声明

本书中的案例和分享都得到了相关人员的知情同意。为了保护隐私,均采用化名,并对个人故事进行了必要的改编。

赞誉

读了晓东写的这本书，我很欣喜，读完的第一个印象是：诚挚和用心！这是一本条理清晰、观点完整、深入浅出、非常诚恳和用心的作品，字里行间道出了晓东为人处世的特质。

认识晓东是在海文学院的学习旅程上，一路走来见证了晓东从学习、实习，到获得海文学院的心理咨商证书，前后应该有15年时间！我对晓东的背景特别共鸣的部分是我们都来自高科技产业，在漫长的专业学习与个人成长路上，我看到晓东锲而不舍的精神，他不断突破自己，不断整合所学。晓东兼具理性和感性，能够将头脑认知和身体力行相结合。我很欣赏他从高科技行业到身心成长，以及从心理学到佛学的探索。他持续拓展视野，用勇气和坚持来整合跨领域的学习成果，终而蜕变为自己的体悟，到今天水到渠成，我很开心他以文字记录的方式回馈社会。

本书整合了心理学，特别是海文学院许多理论板块的精髓，同时融入了佛学智慧，提供了实用的工具以及丰富的案例，并附有学员的追踪分析数据，是一本用心且完整的工具书。我相信本书的清晰度与实用性将使得许多玄妙的哲理有落地生根的效果。

我衷心祝福这本好书能对在身心健康上遇到困难或渴望拓展生命维度的朋友有所帮助！

——李文淑　加拿大海文学院核心导师、乐泉咨询顾问公司创办人

作者浸润于正念领域多年，潜心创作的这本书非常耐看，很值得我们正念练习者与带领者品读借鉴，参练体会。书中不仅翔实地阐述了正念练习和身心转化里的诸多重要主题，包括正念利益、焦虑-抑郁-失眠等身心失调的机理、情绪的来源-类型-机制、脑神经科学的启示、身心的交互方式、正念生活等，还精要地介绍了一些如情绪ABC理论、1B+5A等可操作的实用模型。同时，全书在不同的章节又循序渐进地引入正念的若干基础练习，并提供细致到位的练习引导语。最让人回味的是作者在书中

坦诚分享了自己生命转化的历程,以及在其正念带领与心理咨询经历中选取的团体和个人真实案例,这些真实的人生境况让读者心有戚戚,颇有共鸣,也对正念的疗愈转化效果倍添信心。希望这部佳作能帮助更多人踏上正念练习之路,享受到正念的美好!

——陆维东　正念领导力教练、觉醒商业顾问
《正念领导力》《重塑组织》《觉醒领导力》译者

在职场中长期被告知又传递给身边人"如临深渊、如履薄冰"的危机意识,总让我们在路上无暇欣赏美好,少有的满足感和成就感很快被自责、愧疚和危机感取代,"卷"自己也"卷"别人。危机意识犹如硬币的两面,而我们往往容易放大和累积它的负能量,以致心慌、焦虑、失眠、免疫力降低等。2015年我病倒了,晓东陪我在深圳大学的岸芷汀兰边散步,他说要慢下来,学会觉察和表达内心……最初我听不懂他在说什么,但我知道我必须改变。这是一段不易的修习,我开始尝试冥想呼吸。当愤怒、阴郁、抱怨等情绪和行为出现时,用"旁观者视角"去觉察,再去承认–接纳–行动–欣赏,有意识地疏通化解情绪,疼惜自我,让自己慢慢变得清晰和柔软,从而周

边关系愈加和谐，我发现这是非常神奇、美妙、喜悦的自救利他之路。如今科技发展神速，在新旧模式交替之际，一个管理者应当在关注任务的同时，对周遭的人保持同理心，感知冷暖，在不确定中寻找定力和滋养内心，正念是带我们走得更远、更深和更平稳的法门。

——吴健琼　天虹股份前副总裁

在当前竞争激烈、节奏飞快的社会，无论是在校园、职场还是家庭里，焦虑、抑郁、失眠的状况已经相当普遍。情绪管理和心理健康已然成为每个人的必修课。

本书为致力于向内探寻幸福之道的人提供了详尽实用的指引，是我的好友晓东的心血之作，作为一起读高级管理人员工商管理硕士（EMBA）的同学，我有幸见证他的职业转型，敬佩他在中年换赛道的勇气并赞叹他如今做出的成绩。全书除了有他对各种常见心理问题的成因解读，有针对性的练习方法，还洋溢着他助人离苦得乐的慈悲情怀。正如晓东所说，西方心理学与东方佛教思想的融合，能提供更为简单而直击人心的解决方案。正念是终身的修炼，能助人清明、智慧地活在当下，远离负面想法。诚邀各位有缘人打开本书，尽早开启正念的幸福之旅。

——崔冬　前程无忧（51job）前副总裁

作为一名高校心理老师，我有幸提前拜读了晓东的新作。除了感到荣幸，更是惊喜于发现了一部适合于青年人阅读的正念科普作品。

在快节奏、高压力的现代生活中，大学生群体面临着学业压力、职业规划、人际关系等多方面的挑战。这些问题往往导致焦虑、抑郁和失眠等困扰。正念作为一种有效的心理干预手段，能够帮助学生提升自我觉察能力，学会在压力下保持冷静和清晰的头脑，从而更好地管理情绪和应对挑战。晓东的这本书，深入浅出地介绍了正念的理论和实践，提供了一套完整的正念训练体系。书中不仅包含了正念的基本概念、历史背景和科学研究基础，还详细阐述了正念在转化心理问题方面的具体应用。更难能可贵的是，作者结合自己丰富的心理咨询经验，通过案例分析，生动地展示了正念如何在实际生活中发挥作用。

我在心理健康教育领域工作多年，深知理论与实践相结合的重要性。晓东在书中提供的正念练习方法，如正念呼吸、身体扫描、念头观照等，都是经过精心设计的，它们是易于理解和可操作的。在过去三年里,我们在深圳职业技术大学合作开设了多期正念训练营课程,这门课深受参加课程的师生的好评。正念训练营效果评测,证明了正念训练的积极作用。这些实战经验和有效数据的加持,充分表明正念练习非常适合学生群体。通过这些练习,学生可以学会如何在生活中实践正念,改善负向情绪,提升自身的心理韧性和幸福感。我相信,正念练习可以有效地帮助学生保持更健康的心理状态,提高他们的学习效率和生活质量,并且有效缓解教育界当下令人忧心的危机频发的状况。

作为晓东的合作伙伴和好友,我更是有幸见证了他将正念融入生活、工作和创作的过程。他的执着和热情,以及对正念深刻的理解和实践,都在本书中得到了充分的体现。读者在阅读本书的过程中,不仅能够获得知识和技能的提升,还能感受到作者的真诚和善意。相信在读者探索正念奥秘,开启自我转化和成长的旅程中,本书将成为宝贵的资源和指南,并让人最终找到属于自己的平和与喜悦。

——蒋立 深圳职业技术大学心理健康教育与咨询中心副主任

冯晓东老师曾是我的工作伙伴，我一直相当钦佩冯老师多年来在正念领域内的深耕和坚守。我特别喜欢冯老师在本书中把正念比作"心灵的健身房"。如果想提升自己的专业能力，就需要掌握正念背后的核心逻辑，并通过高度的自我要求，持续专注练习够长的时间。只有这样，才能更熟练地应用正念。

本书的诞生让我不禁为本书的读者高兴，因为本书是由一位正念领域内优秀的实务工作者所撰写的。书中既有正念的理论基础，又有冯老师自身学习和成长的经历，仿佛一位导师在带领各位读者缓缓入门，同时于不同阶段实时在侧指导。不论是初次接触正念，还是进阶学习的朋友，我都衷心地向你推荐本书。

——刘龙博士　北京中医药大学深圳医院临床心理科主任

晓东于十年前加入不远处禅学社，大家一起每日自修，每周共修，从浩瀚的佛法经论中学习并梳理了三大体系：唯识、中观、如来藏。佛法的重点在于实修，晓东在实修方面做了大量的工作。除在国内遍访名师外，他还多次参加内观课程，学习南传佛法，且深有体会。

现在晓东将他十多年的学习成果、体会和经验系统性地整理成书，这是他人生中的大事。他和我们一起积极创建MOCICI冥想事业，本书的出版也是MOCICI冥想的大事。我们希望和晓东一起，与MOCICI冥想的科学家一起，开发出适合各类人群的直接认知方法，自利利他，造福人类。

——黎红彬　MOCICI冥想创始人

离苦得乐是我们大众所追求的。正念就像是一个开关——让我们通往幸福快乐的开关，通过有意识、不评判、专注于当下的觉知，我们能以一种更加从容平和的心态去处理生活中遇到的各种事情。在纷繁复杂和瞬息万变的环境中，我们特别需要正念这个开关，让我们定能生慧，保持清明。

每种负面情绪的背后都有一个不断驱动的念头，很多时候我们都处在思维自动化的过程中，不曾觉察行为、情绪背后的信念和念头。正念让我们以一种抽离的状态去看待自己，让我们在复杂系统中找到属于自己的力量。愿大家都能通过正念找到繁忙生活中自己的生存智慧和幸福。

——许皓羚　慕思股份（深圳）总经理

晓东从 IT 高管到正念实践传播者，再到本书的创作者，我目睹了晓东的每一次蜕变。我读了三遍本书，很受启发，我由衷地希望本书能启发更多的朋友。

——韩振亚　速眠医生集团（深圳）有限公司董事长

正念也许并不能教大家如何解决具体矛盾，但可以教大家如何面对矛盾带来的情绪。有时接受"这一矛盾是自己解决不了的"未尝不是一个解决方案。人总想改变别人，总认为出现问题是因为别人不理解或做得不够好。我听一个好朋友在正念修行之后说过一句话——"当我想要去改变世界时，这世界无动于衷且可能与我们所追求的背道而驰；但当我逐渐改变我自己时，我发现这世界却随之而变，且逐渐达到我原本想追求的样子"，深感这句话倍有深意。本书是晓东多年正念修行的总结，能形成文字实属善举，希望本书能帮到更多人。

——李楚华　印力集团副总裁

晓东老师年少时埋下一颗正念的种子，经历求学、工作、创业不同的人生旅程后，在挑战与困境面前，正念的种子一点点生根发芽，他也带着更大利他的心开始传播正念，让更多伙伴从中受益。

在越发不确定的当下和未来，不管对于社会大众还是企业单位，开启当代正念的门槛并不低，这是一件难却正确的事。期待每一位读者都可以从此书中习得一些方法与技巧，同时慢慢看见我们内心深处那片需要被照料与滋养的土壤，以及埋藏在土壤深处的慈悲与智慧。

——唐绍明　某知名企业正念项目负责人、牛津正念认知疗法（MBCT）师资

当代正念大师
卡巴金作品

乔恩·卡巴金（Jon Kabat-Zinn）

博士，享誉全球的正念大师、"正念减压疗法"创始人、科学家和作家。马萨诸塞大学医学院医学名誉教授，创立了正念减压（Mindfulness-Based Stress Reduction，简称 MBSR）课程、减压门诊以及医学、保健和社会正念中心。

21世纪普遍焦虑不安的生活亟需正念

当代正念大师
"正念减压疗法"创始人卡巴金
带领你入门和练习正念——

安顿焦虑、混沌和不安的内心的解药
更好地了解自己，看清我们如何制造了生活中的痛苦
修身养性并心怀天下

--- 卡巴金老师的来信 ---

Dear Mark:

Thank you for the beautiful notes that you included in the package of books (vol 1 and 4) that you send to me recently. I am very happy to hold them in my hands and enjoy the elegance of the designs of both the book covers and the interiors. They strike me as extremely inviting to the reader. Thank you.

Your notes did not include an email address, but Hui Qi Tong, copied here, kindly gave it to me, as I wanted to thank you personally for your kindness and all the great effort that went into producing them.

Thank you as well for the lovely poem of Hui Tai that you gifted to me. I actually included the last two lines of it in Wherever You Go, There You Are which you also published, of course. I love that poem. It says it all. And I appreciate your translation every bit as much as the one I used.

Hui Qi also gave me a copy of the CMP edition of Everyday Blessings. My wife, Myla, and I were so happy to see it, and has beautifully designed it is as well. And surely happy to see that you kept the dandelion imagery. I hope it proves inviting and helpful to parenting in China.

I am very touched to learn that in the process of editing these books, you have taken up your own mindfulness practice in the service of waking up to the actuality of things in the present moment. I am deeply touched to know that, because that is the whole purpose of my writings and my work in the world. As you say, "This moment is already good enough." And I would add, "for now."

With a deep bow and warm best wishes, and much gratitude.

Jon

亲爱的马克：

非常感谢你最近寄给我的中文版"正念四部曲"（《正念地活》《觉醒》《正念疗愈的力量》《正念之道》）以及随件附上的优美留言。手捧这些书，我深感欣慰，不仅为封面和内页的典雅设计而感叹，更因为它们对读者散发出的极大吸引力而心怀感激。

虽然你的留言中未附电子邮件地址，但童慧琦细心地向我提供了你的联系方式，使我能亲自向你表达谢意，感谢你和你的团队在这些图书的制作过程中所付出的巨大努力和无私的善意。

感谢你赠予我的无门慧开禅师的诗作。其实，我在《正念：此刻是一枝花》一书中引用了这首诗的最后两句，而这本书也是由贵社出版的。我深爱诗中的意境，它已然道尽一切。我对你的翻译倍感珍惜，丝毫不逊色于我所使用的版本。

慧琦还赠送了一本贵社出版的《正念父母心：养育孩子，养育自己》。我和我的妻子梅拉看到这本书的精美设计时，心中充满了喜悦，更为你保留了的蒲公英意象而感动。我希望这本书能在中国的育儿方面发挥鼓舞和帮助的作用。

听闻你在编辑这些图书的过程中，也开始了自己的正念练习，以此唤醒当下真实的存在，我深感触动。因为这正是我在这个世界上写作和工作的全部目的。正如你所说，"此刻，已经足够美好"（this moment is already good enough）。我想我会补充一句，"正是当下的圆满"（for now）。

再次致以深深的敬意、祝福与我的感激。

乔恩·卡巴金

当代正念大师卡巴金正念书系
童慧琦博士领衔翻译

卡巴金正念四部曲

正念地活
拥抱当下的力量

[美] 童慧琦 译
顾洁

正念是什么？我们为什么需要正念？

觉醒
在日常生活中练习正念

孙舒放 李瑞鹏 译

细致探索如何在生活中系统地培育正念

正念疗愈的力量
一种新的生活方式

朱科铭 王佳 译

正念本身具有的疗愈、启发和转化的力量

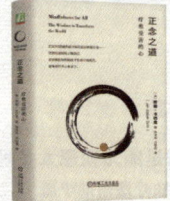

正念之道
疗愈受苦的心

张戈卉 汪苏苏 译

如何实现正念、修身养性并心怀天下

卡巴金其他作品

正念父母心
养育孩子，养育自己

[美] 童慧琦 译

卡巴金夫妇合著，一本真正同时关照孩子和父母的成长书

多舛的生命
正念疗愈帮你抚平压力、疼痛和创伤（原书第2版）

[美] 童慧琦 译
高旭滨

"正念减压疗法"百科全书和案头工具书

王俊兰老师翻译

穿越抑郁的正念之道

[美] 童慧琦 译
张娜

正念在抑郁等情绪管理、心理治疗领域的有效应用

正念
此刻是一枝花

王俊兰 译

卡巴金博士给每个人的正念入门书

科学教养

硅谷超级家长课
教出硅谷三女杰的 TRICK 教养法

[美] 埃丝特·沃西基 著
姜帆 译

- 教出硅谷三女杰,马斯克母亲、乔布斯妻子都推荐的 TRICK 教养法
- "硅谷教母"沃西基首次写给大众读者的育儿书

儿童心理创伤的预防与疗愈

[美] 彼得·A. 莱文 著
马吉·克莱恩
杨磊 李婧煜 译

- 心理创伤治疗大师、体感疗愈创始人彼得·A. 莱文代表作
- 儿童心理创伤疗愈经典,借助案例、诗歌、插图、练习,指导成年人成为高效"创可贴",尽快处理创伤事件的残余影响

成功养育
为孩子搭建良好的成长生态

和渊 著

- 来自清华博士、人大附中名师的家庭教育指南,帮你一次性解决所有的教养问题
- 为你揭秘人大附中优秀学生背后的家长群像,解锁优秀孩子的培养秘诀

正念亲子游戏
让孩子更专注、更聪明、更友善的 60 个游戏

[美] 苏珊·凯瑟·葛凌兰 著
周玥 朱莉 译

- 源于美国经典正念教育项目
- 60 个简单、有趣的亲子游戏帮助孩子们提高 6 种核心能力
- 建议书和卡片配套使用

延伸阅读

儿童发展心理学
费尔德曼带你开启孩子的成长之旅
(原书第 8 版)

正念父母心
养育孩子、养育自己

高质量陪伴
如何培养孩子的安全型依恋

爱的脚手架
培养情绪健康、勇敢独立的孩子

欢迎来到青春期
9~18 岁孩子正向教养指南

聪明却孤单的孩子
利用"执行功能训练"提升孩子的社交能力

高效学习 & 逻辑思维

达成目标的 16 项刻意练习

[美] 安吉拉·伍德 著
杨宁 译

精进之路
从新手到大师的心智升级之旅

[英] 罗杰·尼伯恩 著
姜帆 译

- 基于动机访谈这种方法，精心设计 16 项实用练习，帮你全面考虑自己的目标，做出坚定的、可持续的改变
- 刻意练习·自我成长书系专属小程序，给你提供打卡记录练习过程和与同伴交流的线上空间

- 你是否渴望在所选领域里成为专家？如何从学徒走向熟手，再成为大师？基于前沿科学研究与个人生活经验，本书为你揭晓了专家的成长之道，众多成为专家的通关窍门，一览无余

如何达成目标

[美] 海蒂·格兰特·霍尔沃森 著
王正林 译

学会据理力争
自信得体地表达主张，为自己争取更多

[英] 乔纳森·赫林 著
戴思琪 译

- 社会心理学家海蒂·格兰特·霍尔沃森力作
- 精选数百个国际心理学研究案例，手把手教你克服拖延，提升自制力，高效达成目标

- 当我们身处充满压力焦虑、委屈自己、紧张的人际关系之中，甚至自己的合法权益受到蔑视和侵犯时，在"战或逃"之间，我们有一种更为积极和明智的选择——据理力争

延伸阅读

学术写作原来是这样
语言、逻辑和结构的全面提升（珍藏版）

学会如何学习

科学学习
斯坦福黄金学习法则

刻意专注
分心时代如何找回高效的喜悦

直抵人心的写作
精准表达自我，深度影响他人

有毒的逻辑
为何有说服力的话反而不可信

终身成长

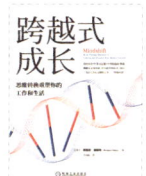

跨越式成长
思维转换重塑你的工作和生活

[美] 芭芭拉·奥克利 著
汪幼枫 译

- 芭芭拉·奥克利博士走遍全球进行跨学科研究，提出了重启人生的关键性工具"思维转换"。面对不确定性，无论你的年龄或背景如何，你都可以通过学习为自己带来变化

大脑幸福密码
脑科学新知带给我们平静、自信、满足

[美] 里克·汉森 著
杨宁 等译

- 里克·汉森博士融合脑神经科学、积极心理学跨界研究表明：你所关注的东西是你大脑的塑造者。你持续让思维驻留于积极的事件和体验，就会塑造积极乐观的大脑

深度关系
从建立信任到彼此成就

[美] 大卫·布拉德福德
卡罗尔·罗宾 著
姜帆 译

- 本书内容源自斯坦福商学院50余年超高人气的经典课程"人际互动"，本书由该课程创始人和继任课程负责人精心改编，历时4年，首次成书
- 彭凯平、刘东华、瑞·达利欧、海蓝博士、何峰、顾及联袂推荐

成为更好的自己
许燕人格心理学30讲

许燕 著

- 北京师范大学心理学部许燕教授，30多年"人格心理学"教学和研究经验的总结和提炼。了解自我，理解他人，塑造健康的人格，展示人格的力量，获得最佳成就，创造美好未来

延伸阅读

自尊的六大支柱

习惯心理学
如何实现持久的积极改变

学会沟通
全面沟通技能手册（原书第4版）

掌控边界
如何真实地表达自己的需求和底线

深度转变
让改变真正发生的7种语言

逻辑学的语言
看穿本质、明辨是非的逻辑思维指南

ACT

拥抱你的抑郁情绪
自我疗愈的九大正念技巧（原书第2版）

[美] 柯克·D. 斯特罗萨尔
    帕特里夏·J. 罗宾逊 著
徐守森 宗焱 祝卓宏 等译

- 你正与抑郁情绪做斗争吗？本书从接纳承诺疗法（ACT）、正念、自我关怀、积极心理学、神经科学视角重新解读抑郁，帮助你创造积极新生活。美国行为和认知疗法协会推荐图书

自在的心
摆脱精神内耗，专注当下要事

[美] 史蒂文·C. 海斯 著
陈四光 祝卓宏 译

- 20世纪末世界上最有影响力的心理学家之一、接纳承诺疗法（ACT）创始人史蒂文·C. 海斯用11年心血铸就的里程碑式著作
- 在这本凝结海斯40年研究和临床实践精华的著作中，他展示了如何培养并应用心理灵活性技能

自信的陷阱
如何通过有效行动建立持久自信（双色版）

[澳] 路斯·哈里斯 著
王怡蕊 陆杨 译

- 本书将会彻底改变你对自信的看法，并一步一步指导你通过清晰、简单的ACT练习，来管理恐惧、焦虑、自我怀疑等负面情绪，帮助你跳出自信的陷阱，建立真正持久的自信

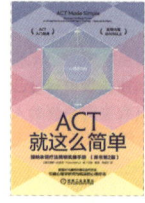

ACT就这么简单
接纳承诺疗法简明实操手册（原书第2版）

[澳] 路斯·哈里斯 著
王静 曹慧 祝卓宏 译

- 最佳ACT入门书
- ACT创始人史蒂文·C. 海斯推荐
- 国内ACT领航人、中国科学院心理研究所祝卓宏教授翻译并推荐

幸福的陷阱
（原书第2版）

[澳] 路斯·哈里斯 著
邓竹箐 祝卓宏 译

- 全球销量超过100万册的心理自助经典
- 新增内容超过50%
- 一本思维和行为的改变之书：接纳所有的情绪和身体感受；意识到此时此刻对你来说什么才是最重要的；行动起来，去做对自己真正有用和重要的事情

生活的陷阱
如何应对人生中的至暗时刻

[澳] 路斯·哈里斯 著
邓竹箐 译

- 百万级畅销书《幸福的陷阱》作者哈里斯博士作品
- 我们并不是等风暴平息后才开启生活，而是本就一直生活在风暴中。本书将告诉你如何跳出生活的陷阱，带着生活赐予我们的宝藏勇敢前行

科普新知

当良知沉睡
辨认身边的反社会人格者

[美] 玛莎·斯托特 著

吴大海 马绍博 译

- 变态心理学经典著作，畅销十年不衰，精确还原反社会人格者的隐藏面目，哈佛医学院精神病专家帮你辨认身边的恶魔，远离背叛与伤害

这世界唯一的你
自闭症人士独特行为背后的真相

[美] 巴瑞·普瑞桑
汤姆·菲尔兹－迈耶 著

陈丹 黄艳 杨广学 译

- 豆瓣读书 9.1 分高分推荐
- 荣获美国自闭症协会颁发的天宝·格兰丁自闭症杰出作品奖
- 世界知名自闭症专家普瑞桑博士具有开创意义的重要著作

友者生存
与人为善的进化力量

[美] 布赖恩·黑尔
瓦妮莎·伍兹 著

喻柏雅 译

- 一个有力的进化新假说，一部鲜为人知的人类简史，重新理解"适者生存"，割裂时代中的一剂良药
- 横跨心理学、人类学、生物学等多领域的科普力作

你好，我的白发人生
长寿时代的心理与生活

彭华茂 王大华 编著

- 北京师范大学发展心理研究院出品。幸福地生活，优雅地老去

读者分享

《我好，你好》
◎读者若初

有句话叫"妈妈也是第一次当妈妈"，有个词叫"不完美小孩"，大家都是第一次做人，第一次当孩子，第一次当父母，经验不足。唯有通过学习，不断调整，互相理解，互相接纳，方可互相成就。

《正念父母心》
◎读者行木

《正念父母心》告诉我们，有偏差很正常，我们要学会如何找到孩子的本真与自主，同时要尊重其他人（包括父母自身）的自主。
自由的前提是不侵犯他人的自由权利。或许这也是"正念"的意义之一：摆正自己的观念。

《为什么我们总是在防御》
◎读者 freya

理解自恋者求关注的内因，有助于我们理解身边人的一些行为的动机，能通过一些外在表现发现本质。尤其像书中的例子，在社交方面无趣的人总是不断地谈论自己而缺乏对他人的兴趣，也是典型的一种自恋者类型。

打开心世界·遇见新自己

华章分社心理学书目

扫我！扫我！扫我！新鲜出炉还冒着热气的书籍资料、有心理学大咖降临的线下读书会的名额、不定时的新书大礼包抽奖、与编辑和书友的贴贴都在等着你！

扫我来关注我的小红书号，各种书讯都能获得！

机械工业出版社
CHINA MACHINE PRESS

自序

正念助我自利利他

在我大概九岁那年,读高中的大哥有一天回来告诉我:"教给你一个打坐练功的方法,把注意力放在呼吸上。"那时候我刚刚看完电影《少林寺》,满腹练功的热情,天天对着院子里的老榆树,"吼吼哈哈"地练习我的"铁砂掌"。那时我认为打坐观息可能是在练习内功,虽然大哥讲得很简单,但我还是一本正经地自己练习了一段时间。虽然没有练多久,但种下了一颗正念的种子!

我的人生上半程,一直活在对各种外在目标的追求中,也就是我们常说的行动模式(doing)。这些外在目标实际上来自外在或他人,只不过逐步内化为我的目标,这就是荣格所说的,"你生命的前半辈子或许属于别人,活在别人的认为里,那把后半辈子还给你自己,去追求你内在的声音"。这些目标包括考上一个好大学(华中科技大学)、进入一家好公司(中兴通讯)、成就一番事业(创业成功)等,然而在这一个个外部目标成功实现的过程中,我发现自己开始面临深层的挑战。

我从小就是一个容易焦虑的人,思虑较重,擅长合理化并压抑情绪,我的很多追求就是在这种焦虑的驱动下实现的。但在这个不断行动的过程中,越来越多的负面情绪,如压力、焦虑、紧张等不断在身体里累积,开始制造越来越多的挑战,如严重的肩颈劳损,颈椎的自然生理曲度一度消失,还有背部疼痛、咽炎、肠胃问题等困扰,在亲密关系中也越来越容易指责对方,事业上也遇到了发展瓶颈。35岁的我开始陷入中年危机。为了解决这些问题,我选择报读了中欧国际工商学院的EMBA,两年的学习和"纯真部落"(当时我们班级的名字)的同学打开了我一些尘封的情绪,但我并没有能够深入内在解决深层的问题。后来在与很多同学和朋友交流的过程中发现,我的这些人生经历在很多人身上都在上演:不停地追求与行动,直到很多内外挑战迫使我们停下来,但那时我们往往都已经付出了很大的代价。

在这些身心痛苦的驱动下,带着对自己内在深深的好奇心,我进入了个人成长机构——加拿大海文学院——开始新的学习。个人成长课堂向我打开了一扇窗，我开始进入我丰富的内在世界。通过诸多心理学工具，如呼吸、个案、心理剧、完形等，我看到意识冰山之下我复杂的潜意识，我看到童年及原生家庭对我的巨大影响，我看到我的心理阴影以及这些阴影所蕴含的资源，我越来越发现我本自具足的完整性。我原以为从海文学院毕业后，我对内在世界的探索就可以告一段落，但是毕业后我发现自己的探索必须继续，而我的成长也才刚刚开始。后来我又接触了一些其他体系，如萨提亚家庭治疗、第三代催眠、家庭系统排列、戏剧艺术疗愈等，但真正重要的是我开启了正念之旅。我多次参加十日内观课程，并由此进入了对佛法的深入学习，越来越感受到正念所蕴含的智慧。我开始系统而深入地修习正念，每天要花三个小时左右来做练习，这让正念慢慢融入了我的工作和生活。现在正念对我来说不再是一个练习或任务，而是我一个自然而然的习惯，是我生活的一部分，是一种新的生活方式。

一个人的转化和改变是很困难的，光靠一些理论认知远远不够，因为习性的力量太过强大，所以才有人说"我明明知道很多道理，但仍然过不好这一生"。如果说**心理学的学习带给我的是武林秘籍中的招式，那正念则如同可**

以帮我更有效地使用这些招式的内功。正念是我心灵的健身房，让我更有力量将心理学理论应用于实践，帮我完成从脑到心的转化，知行合一。在读大学时，我曾经在学校健身房里系统训练过几年，那几年的练习让我的胸大肌、背阔肌、三角肌等核心肌肉更有力量，也提升了我内在的信心和勇气；而正念的训练，同样让我几个核心的心灵肌群更有力量，对于我的思维、情绪和行为等更有觉察与掌控力。这些内在的改变，开始深刻地改变我的身心健康、生活与工作。

困扰我多年的身体亚健康状态开始逐渐恢复，肩颈劳损、网球肘、咽炎、背部疼痛、肠胃问题等已康复。虽然焦虑、压力等负面情绪有时仍然存在，但我通过正念已学会与其相处，视它们如天气变化一样自然而然，而不会深陷其中。在更多的当下，我开始拥有越来越多的平静、喜悦和幸福，这发生在和孩子全然的相处中，缓慢走在上班的路上，静静地品尝一杯咖啡时，同理地聆听一位来访者时或安住在团体的课程里……在关系中，我越来越清楚自己的模式，明白关系是两个人共同创造的，不再把指责的矛头对准对方，不再努力地改变对方，越来越能够自我负责，接纳彼此。在事业上，我停掉了公司原有的业务，给自己换了一条新的职业跑道，开始成为一名正念咨询师和培训师。我想为自己的后半生找到发自内心喜欢做的事情，虽然这中间伴随着焦虑与不确定，但我还是坚定前行，这种感觉如同我发现自己长出一双翅膀，可以在天空自由飞翔。正念开启了我新的人生，这是一种带着觉知、更加清醒的新生活，这是我的存在状态。不同于过去的行动模式及自动驾驶状态，当下可以说是我的"第三度诞生"（著名家庭治疗师萨提亚女士说人有三度诞生：第一度诞生始于精子和卵子结合的那一刻；第二度诞生始于离开母体被分娩出生时；第三度诞生就是你成为你自己，一个能够清醒选择并自我负责的人）。

有趣的是，我曾经在一个梦里经历了自己从行动模式到存在模式的转化过程，这是一个很有意思的隐喻，我醒来后做了如下记录。我在一辆疾驰的列车上，列车沿着预设的轨道，向理想中的目标疾驰，越来越快。车厢里很嘈杂，噪声不断，我愈加焦躁，在车厢里不安地四处走动。窗外的风景很美，但都快速地掠过，无法进入我贪婪的眼睛。列车偶尔在一个小站停下，我无法下车，只能透过车窗，享受一下成功带来的短暂满足，然后焦虑的发动机启动，我又必须启程。目标一直在远方，我只能随着列车的前进不断往前冲。直到有一天，我突然发现，刹车就在我自己脚下，原来我可以选择慢下来。窗外的风景清晰了，我既可以前行，又可以欣赏路边的风景。嘈杂的环境安静了许多，于是喜悦有了慢慢生起的空间。我也可以停下来，走下车，不再只是透过车窗看风景。我可以去触摸路边的野花，呼吸清凉的空气，被温暖的阳光包围着，让大自然的天籁愉悦身心。我开始脱离预设的轨道，在更多的可能性里前行。我全然进入了更真实的世界，经历乌云密布、狂风暴雨、阳光灿烂，体会更丰富的迷惑、痛苦、选择、喜悦、满足等感受。这一切如同一个个音符，在生命的琴键上跳跃、流动、舞蹈，人生开始如丰富的乐章一样展开……

四年前，我又开启了自己人生的第四次创业，创建了一个以正念心理学为核心的健康教育平台——当下健康，在这个项目中我开始实现行动模式和存在模式的平衡。项目的缘起是当时新冠疫情，很多人都被要求待在家中，国家卫生健康委办公厅在《新冠肺炎出院患者康复方案（试行）》中提到"通过专业心理学培训的护理人员和康复治疗师也可以开展专业的心理咨询，包括正念放松治疗"。我于是开始做线上直播——疫情下的正念安心之道，带领周围的同学和朋友做正念练习，结果取得了很好的反响。接下来我组建了创业团队，制作了很多通过正念来转化压力、焦虑、抑郁、失眠及上瘾行为等问题的线上课程，并推出了一系列线下正念训练营，既有面向大众的团体课程，同时也进入了多家知名企业、大学、医院等组织开展培训，截至目前有3000多名学员从中受益，这开启了我自助助人、自利利他之路。

正念这颗种子在我心里发芽、成长，在我十几年的精心呵护下，终成一棵大树，我在享受这棵大树带来的树荫与果实的同时，也开始把正念的种子传播给他人。

我的女儿和儿子从很小就喜欢在打坐的我旁边爬来爬去，我不会勉强他们和我一起做练习，他们有时会好奇，就和我一起坐一会儿，我也顺其自然，潜移默化种下正念的种子。不久前，上高中的女儿遇到了情绪挑战，打电话告诉我说："爸爸，我现在能够观察到自己的呼吸了，更容易安静下来；我还学会了在负面情绪出现的时候通过观察与其共处，发现它很快也就过去了。"我真为她感到高兴。

一名大二的女生，深受重度焦虑、抑郁和失眠的困扰，她自述："参加正念训练营之前，我每天要到凌晨三四点才能入睡，习惯压抑情绪，常常焦虑到喘不上来气，专注力越来越差，情绪容易崩溃。我不知道用什么方法解决这些问题，直到我在学校遇到了正念课程。经过两个月的学习，我的变化还是蛮大的，我的情绪更为稳定，更能和这些负面情绪好好相处了，也找到了让我自己舒适的生活方式。正念课程让我从自我封闭，变成慢慢学会分享收获，到现在我甚至还可以给其他同学支持和力量。"这名女生还在我们后面一期的课程里成为志愿者和助教，主动帮助别人进行转化，成为正念的践行者和传播者。不久前她发信息给我："哈哈哈，我现在升学啦，还在保持正念练习咧，情绪很稳定，每天都很开心。"看到一个这么年轻的生命因为正念而发生的深刻改变，我的内心温暖而感动！

一名身为职场人士的学员分享道："我曾经如同抱着氧气瓶在水下生活，四周充满了沉重的阻力和无形的压力。而现在，我终于浮出水面，呼吸到了新鲜的空气，感受到了前所未有的自由和轻松。正念让我脱掉了氧气瓶的束缚，我如释重负地在岸边畅游，享受着每一个瞬间的快乐。"

亲爱的朋友们，人生确实会有很多痛苦，好消息是我们有转化这些痛苦的方法——正念，我自己的经历以及我们收集的大量案例、数据都清晰地证实了这一点。为了将这份沉甸甸的收获和喜悦传递给更多人，这本书诞生了。不仅受焦虑、抑郁或失眠困扰的人可以从本书中受益，实际上每个人都可以从本书中得到启发和帮助，因为我们每个人都需要活在当下，离苦得乐。

本书的前言综述了人生中的痛苦、痛苦的来源以及转化痛苦的方法等。第 1 章介绍了正念的缘起及发展、定义、价值以及练习及其注意事项；第 2 章从现代心理学的认知行为模型和五蕴模型两个角度深入探讨痛苦的成因；第 3 章到第 7 章深入到导致痛苦循环的每一个环节，从正见和正念两个层面帮助我们打破这个顽固的循环；第 8 章进一步总结这个循环中的因果、动力及主人，帮我们跳出这个痛苦的循环；第 9 章帮我们将正念融入生活，从转化行动模式到实现行动模式与存在模式的平衡；第 10 章总结正念智慧；最后的附录则是各大企业、高校等组织的案例数据。书中还具体介绍了焦虑、抑郁、失眠及上瘾等挑战的成因、躯体化表现等内容，帮我们更完整地认识这些身心挑战，在其后的情绪管理方法中也详细阐述了焦虑及抑郁的具体转化方法。书中既有清晰的理论结构，又有大量的实践案例，并配有丰富的正念练习，这些练习既有文字说明，又有音频供大家学习使用。然而对于正念，我想强调的是,理论的重要性其实很有限,最为重要的是不断练习,越练习,越受益。正念如同游泳、习字、弹琴、瑜伽等课程,练习永远是最重要的!

注:正念练习音频

就在写这段文字的时候,我无意中抬起头,看到办公室窗边的阳光洒在一束鲜花上,安静而美好,就在这一刻,我停了下来。是的,**人生虽有痛苦,但正念可以帮我们离苦得乐,享受当下**!希望每一位读者朋友都可以从此书中受益,更加清明、觉醒而喜悦地生活!

冯晓东

2024 年 5 月 29 日于深圳前海

前言

正念：离苦之道

失念是黑暗

正念即光明

觉醒中生活

光明遍世间

——一行禅师

一个周日的早上，范磊手捧一大束鲜花，大步地走了进来，脸上洋溢着轻松的笑意，他说："感谢老师和正念课程，帮我只用了几天的时间就穿越了这次严重的焦虑和抑郁爆发，我没有像以往那样去住院，也没有通过请长假或辞职去逃避。这是我自己一大早去花市亲手选择的向日葵，感谢老师带来阳光一样的温暖。"我说："谢谢你的鲜花，我很开心看到你的转化与穿越，我知道这是一个不容易的过程。这个过程非常重要，可以帮你更有力量面对以后的情绪爆发。你可以更加坚信，**任何不良情绪都像坏天气一样，一定会过去。**"然后我给了他一个大大的拥抱。

范磊是一位三十出头，刚刚进入职场不久的年轻人，曾有严重的焦虑症和抑郁症，有住院治疗和服用药物的经历。不久前他又经历了一次严重的焦虑爆发，依托于其在正念课程中的学习与练习，他用较短的时间穿越了这个艰难的过程，后面有其转化过程的详细分享。

人生中的痛苦

我们谈论人生中的痛苦，首先并不否认人生中有欢乐与美好，诸如那些旅途中的美景、美妙的音乐、可口的美食以及与家人相聚的温馨时刻等，这些都是我们人生的组成部分。人生中的痛苦，首先是我们每个人都无法逃避的生老病死之苦，其次是那些可以通过正念的修习来转化的各种痛苦。

1. 心理之苦

心理之苦就是那些负面情绪带来的痛苦，诸如焦虑、压力、恐惧、愤怒、抑郁、紧张等，几乎所有人都常常受到这些负面情绪的困扰，其中很多人可能长时间陷入其中，甚至导致临床上心理障碍的出现，如焦虑障碍、抑郁障碍、恐怖症等。根据世界卫生组织2022年的数据统计，全球有近10亿人受到不同程度的心理健康问题困扰。而且现在面临这些心理困扰的人群的年龄越来越低，一些中学生甚至已经开始出现焦虑、抑郁等症状，由此导致自杀、自伤的人数也在不断上升。

2. 身体之苦

负面情绪的持续爆发及累积，就会导致身体之苦的增加，甚至一些身体症状的出现，诸如失眠、心悸、头晕、头痛、背痛、肩颈劳损、肠胃问题等，这些问题通常是从一些亚健康症状开始，甚至医院检查很难发现器质性的问题。研究表明，长期的负面情绪会导致我们免疫力的下降，而免疫力是我们抵抗疾病的重要屏障，当免疫力持续低下时，这些身体症状也就自然会出现。我们的身体是很有智慧的，这些症状的出现其实是重要的信号和提醒，提醒我们需要重视我们的身心健康问题了。如果我们继续忽视，身体就会以更严重的症状来警告我们，那时候我们就会付出更大的代价。很多人对情绪很不敏感，所以即使情绪上处于严重挑战的时候仍不觉察，直到身体上开始出现症状的时候，才容易觉察到，进而开始就医或进行心理咨询。

心理之苦和身体之苦关系密切,因为这两者本来就是一体的。心理之苦来自负面情绪,身体之苦就是我们的感受,而情绪和感受就是一个硬币的两面,密不可分。

类似范磊的年轻人很多,虽然很多人暂时没有表现出明显的症状,但压力、焦虑及失眠等身心挑战越来越困扰现代人。下面是范磊的分享。

> 5月13日与14日,我的焦虑和惊恐发作了,直接导火索是五一节后上了好久的班,身体有点儿劳累,然后我就很烦躁,不想上班,甚至严重到产生想自杀的念头和抑郁情绪。这些情绪和念头引发了躯体症状,如胸闷气短、呼吸急促、心悸心慌、头疼头晕,严重时甚至出现惊恐发作,产生强烈的溺水和濒死的感受。我一分钟都不想待在这个情绪中,疯狂想要逃离。此时,我产生了"对焦虑本身的焦虑",又进一步强化了担心和紧张的情绪,开始坐立不安与度日如年的模式,情绪风暴达到了顶峰状态。
>
> 幸运的是,经过短短几天的调整,我顺利穿越了情绪的风暴,并对自己的病情和情绪有了更深的认知。
>
> ——范磊,男,公司职员,32岁

3. 行为之苦

在心理之苦和身体之苦的推动下,我们很容易产生一些继续放大痛苦的行为。这些行为有两个指向:一是指向自己的，如上瘾行为；二是指向他人的，如关系中的指责、控制、攻击、逃避、切断等。

上瘾行为，如沉迷手机和游戏、依赖烟酒、过度购物等，这些行为表面上看是贪求上瘾对象带来的愉悦感，但更深层的动力是逃避负面感受，这是人类趋乐避苦的习性。然而，越是逃避痛苦，越容易把这些痛苦压抑到更深层的潜意识里，并在身体上表现出来。这些不断累积的负面情绪，让我们的身体越来越像一个炸药包，这些累积的能量将会产生越来越大的破坏性。

这些负面情绪的不断累积，让我们越来越容易处于应激状态，进而引发应激行为，最常见的应激行为就是攻击、逃跑和僵死。在关系中，攻击表现为指责、抱怨、暴力等；逃跑表现为逃避、拒绝等；僵死表现为冷漠、切断等。这些行为会对关系产生极大的破坏，进一步放大我们的痛苦。

4. 关系之苦

应激行为在各类关系中会制造大量的痛苦，包括对我们很重要的原生家庭关系、亲密关系、亲子关系、职场关系等。原生家庭带来的伤痛，有些人可能需要一生去疗愈；对此没有觉察的人，这些伤痛又会在自己的亲子关系中重复循环；亲密关系中，很多人都在经历浪漫、权力斗争、冷漠，最后情感破裂的循环；职场关系是焦虑、压力的主要来源，处理不好会陷入倦怠，乃至辞职的循环。

心理之苦和身体之苦是我们能直接体会到的痛苦，不良行为进而不断放大了这些痛苦，同时这些行为导致我们的关系中出现各种挑战，继续强化了身心之苦，上述这四类痛苦有着密切的关系。

痛苦的来源

在很多人的认知中，我们的痛苦都是由外部因素引起的，诸如工作、房贷、成绩、他人的评价等。我们认为这些是我们焦虑、紧张等情绪的主要来源，其实这是一个很大的错觉。在我长期的心理咨询过程中，来访者通常都是带着具体的问题来咨询的，这些问题如职场关系问题、夫妻冲突、亲子挑战、职业发展瓶颈等，引发了很多的痛苦，他们希望通过咨询来帮助他们解决这些具体的问题。每当这个时候，我通常的回应是："抱歉，我可能无法帮你解决这个具体的问题，但我们可以一起探讨一下你应对这件事情的思维、情绪及行为模式。"随着咨询的深入展开，这些来访者意识到了自己这些模式上的问题，找到了转化之道后，具体的问题大多能够轻易被解决。这些具体问题常常只是引发我们持续痛苦的导火索。

前面我们讲过四类痛苦，可以看出心理之苦是重要的起点，进而引发了后面几类痛苦。心理之苦来自我们的心理过程，我们想要深入了解痛苦的根源，需要了解我们内在的心理过程。探讨这个问题，我们借助一个简单而清晰的心理模型，这是现代心理学的认知行为模型，也是古老智慧的"五蕴"模型（如图 0-1 所示），古老智慧和现代心理学在这方面完美一致。

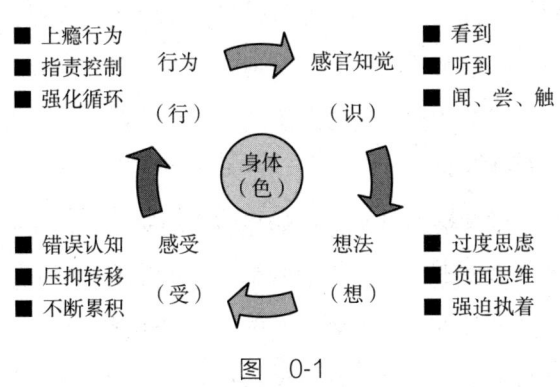

图 0-1

俗话说"魔鬼存在于细节中"，我们的痛苦就来自这个循环的每个环节之中。在这些环节上，我们有很多的误区及不良模式,而这个过程几乎每时每刻都在我们内在不间断地发生,这导致我们的痛苦在这个循环的过程中不断被强化与放大。

感官知觉就是我们的五个感官(眼、耳、鼻、舌、身)从外界接收信息,进而产生大脑知觉的过程。在这里,我们一个最大的误区就是认为我们感官知觉到的就是事实,即所谓"眼见为实",进而生起强大的执着。实际上,外界信息通过感官进入我们的大脑后,我们的大脑只是根据过去的经历产生出相应的知觉图像而已,这个过程我们在后面章节将有详细的描述。我们看到的,只是自己想看到的;我们听到的,也只是自己想听到的而已。这就如同我们永远戴着一副有色眼镜在看待世界与他人,这副有色眼镜是由我们的过去所塑造的,所以我们很多人常常都是活在过去的。

想法就是当感官知觉的信息被我们接收后,我们的大脑所进一步产生的各种思维结果。想法通常包括识别、评判,以及可能引发行为的意图等。在想法这个部分,很多人常见的负面模式是过度思虑和负面思维。过度思虑就是我们常常对已经发生的和即将发生的事情,不断强迫性地重复思维过程。我们的大脑一旦空闲下来,就会陷入这个过程，于是我们要么活在过去，要么活在未来，很难真正地活在当下。负面思维是指我们很多人习惯性地会从负面看待事情或他人，本来任何对象我们都可以从多个角度去评判，最简单也有正反两个方面，但很多人由于长期以来形成的习惯性负面思维模式，常常会只看到对象的负面特性部分。这样，过度思虑和负面思维不断重复，如同制造负面情绪的发动机，源源不断地制造了诸多负面情绪。对于这些负面思维，很多人没有觉察，不知道这些想法都只是自己编的故事，而是固执地认为自己的想法都是事实，更加深深地陷入这个重复的过程而不能自拔。

我们很多人对负面情绪有误解，认为负面情绪都是坏情绪，的确这些负面情绪引发了很多不舒服的感受，但实际上，任何负面情绪都是当下生起的一股能量，都有其生起、变化和消退的过程。如果这个过程可以顺其自然地发生，这些负面情绪并不会对我们产生不良影响。但是人类趋乐避苦的深层习性让我们常常无意识地逃避这些不舒服的情绪和感受，最常见的逃避方式就是压抑或转移这些负面情绪。然而压抑和转移并不能让这些负面情绪自然消退，这些卡住的情绪能量就会进入我们的神经系统及身体，体现为与应激反应相关的激素（如肾上腺素和皮质醇等）水平越来越高。久而久之，这些负面情绪不断累积，我们的身体就会像一个充满负面情绪的气球，越来越大，甚至最后爆掉，从而表现出各种症状，如焦虑、抑郁及失眠等。当这些症状出现后，又会触发新的负面情绪，形成一个恶性循环。

最常见的压抑和转移负面情绪的方式就是产生各种重复性的负面行为：一类是产生各种上瘾行为，这些上瘾行为只是暂时性地让我们忽视这些负面情绪，但这些行为所引发的身心问题又会启动下一个负面循环；另一类是关系中的各种指责、抱怨、攻击、切断等行为，这些行为也会引发别人的反击，同样启动下一个负面循环。这些负面行为模式每重复一次，就会在我们的神经回路中被强化一次，久而久之我们这些负面行为的神经回路越来越强大，使我们形成了强大的自动化习性，即成了我们的性格，甚至成为我们所谓的命运。

所以，上述这个强大的心理循环过程就是我们各类身心痛苦的根源。这四个心理过程就像四条力量强大的瀑流，把我们拖入其中，难以立足。**我们在每个环节上都有认识误区以及强大的执着，越执着越痛苦。**这个循环在我们每个人的内在每时每刻隐蔽地运行着，而且非常快速，我们常常在不知不觉中就深陷其中。如同我们从树上掉下来时，还没反应过来，就穿过枝叶重重摔到地上，浑身疼痛。

范磊的焦虑爆发就是在其强迫性思维的不断重复下，焦虑情绪不断放大，进而想通过休长假或辞职来逃避，于是陷入了焦虑的旋涡中。以下是他的分享。

虽然仅仅是两三天的情绪波动，但我实际已经经历了很多轮的焦虑循环。运用冯老师课堂上常用的认知行为模型去复盘一下这次事件的起始，也就是第一个焦虑循环：一次大会上，公司董事长突然点了我，让我发表一些想法。作为一名初入职场的新人，我顿时头脑空白，语无伦次。解读：领导一定对我的表现非常失望。情绪：陷入深深的羞愧与自责。

紧接着，我又掉入了第二个焦虑循环：前述的焦虑情绪让我陷入失眠，引发了剧烈的头痛（感觉脑中被灌了水泥）。此时，我的猴子思维告诉我："完了，快发作了，快点儿逃回家去充能。"接下来的行为是我直接拨通了直属领导的电话，用通知似的口吻告诉她，"领导，我焦虑发作了，需要休假"。

第三个焦虑循环是：当我在不理智的情况下慌慌张张拨通领导电话后，领导也炸了锅，觉得我休假的理由完全站不住脚。（事实是她已经在自己的最大职能权限内，准了我3个月的长假休养，如果再反复准假，她担心对我不利。）而我心想的则是"我都这么难受了，你竟然还不理解我的感受！曾经的你可是我的天使领导啊",进一步萌生了"职场就没有好人,我就是无法适应,我要辞职,要逃跑,找一个令我舒服的环境,回学校去当老师,或许是一个不错的选择吧"这类想法。

第四个焦虑循环是:我迫不及待地将想要辞职的想法告诉了领导,"实在不行的话,我就辞职回家",领导回复我"如果你做出这样的决定,我也尊重你的想法"。我当时的内心想法是"完了,看来我已经没有了对公司和团队的价值,她是不是正想着怎样可以把我这个累赘裁掉哇,我真没用,活着干吗呀,不如死掉算了"。

——范磊,男,公司职员,32岁

转化痛苦的方法

想要转化我们的各种痛苦,就要从强大的负面循环中跳出来,然而这并不容易,这个循环已经成为我们强大的习性。障碍既包括我们很多的认知误区,又包括我们很强大的行为习惯。想要摆脱这个循环,需要借助正念的力量。

正念是一种有智慧的专注力,一种清明的觉知力,一种时时刻刻保持活在当下的能力。通过正念,我们可以清楚地觉察此刻我们处于心理过程中的哪个环节,如何在当下做出合适的选择,以打破我们自动化的习性,跳出制造痛苦的负面循环。

正念帮我们摆脱痛苦的路径就是首先去觉察心理过程的每个环节，让这个隐蔽、快速、自动化的过程进入我们的意识层面；其次在每个环节上保持有觉知的选择，转化我们原来的负面思维、情绪及行为，让我们从痛苦中解脱出来。这个画面就像我们原来在几条强大的瀑流中被冲得无法自控，而现在我们借助于正念的力量，在其中可以稳稳地站住，然后选择正确的方向，坚定地走向美好的未来。

范磊的转化就是把握住思维、情绪和行为这几个关键点，通过正念的力量跳出负面情绪的循环，如下所示。

我是如何逐渐应对并走出情绪风暴的？在没有参加冯老师的课程之前，我几乎用尽了一切我所知道的方法。第一，服用抗焦虑药物。我本身并不排斥服药，"服药—临床康复—停药—复发"，这个循环对我来说并不陌生。我的亲身体验是，药物可以短期控制症状，但如果无法从根本上转换负面的认知和行为模式，随着情绪的积累和外界的压力刺激，一旦停药后又很容易复发。第二，运动。拳击、跑步、瑜伽、徒步、游泳，我几乎试遍了所有能够产生内啡肽、多巴胺的运动。毫无疑问运动的确是有效的，特别是瑜伽。其实我认为这就是一种"运动的正念"，但在情绪爆发的时候，有时是很难有能量去做这些运动的。第三，心理治疗。我差不多进行了10余次的一对一心理咨询，也确实有助于我认识自我。然而很快我发现了心理咨询的局限性。一方面费用很高，另一方面，心理咨询师也不可能时时刻刻陪伴着我，每当我一个人面对情绪困境的时候，还是缺乏自救的能量。此外，焦虑的人容易陷入过度思虑，心理咨询不可避免地引导我去分析原生家庭以及情绪产生的种种原因，这又很容易引起我的过度思虑，以及自责与后悔等负面情绪。心理自救类的工具书我也没有少读，比如应对焦虑症最有名的心理学图书——克莱尔·威克斯医生的《焦虑症的自救》，全书的核心观点就是"面对、接受、飘然、等待"，然而道理我都懂，情绪来临的时候，还是缺乏面对与接受它的能力。

很感恩自己能够接触到正念。正念就是专注于当下的每一刻，通过清晰觉察自己的想法、身体感受与情绪，做出清醒的判断。从这次焦虑发作的经历来看，由于受到领导的提问，我产生了可怕的焦虑躯体化症状，强大的过度思虑告诉我"赶紧找个深山老林躲起来吧，上班太可怕了"。在我陷入情绪旋涡的几天里，多么希望直接休一个三个月的长假，但是我的正念觉知告诉我还有不同的选择，我意识到"该面对的还是得面对，选择休长假恐怕是一种逃避，直面恐惧或许是战胜恐惧的唯一方法"。这样，即便在当下我是不安在、拼命想逃离的，但当我选择面对的那一刻，就已经拥有了和它相处的能力，事实证明，这一次成功的面对亦给了我更多的勇气去面对焦虑。

就这样，我尝试着回到了工作岗位。一开始真的很煎熬，注意力很难集中于工作，稍微坐一会儿就头疼头晕，想逃回家里躺着。后来通过每天坚持正念练习，我开始发现，这些逃避的思维不代表我本身，可能只是驱动我的一些念头而已。慢慢地我开始接受回到工作中的事实，也逐渐探索出可以在办公室调整状态的方式。比如，我可以在累的时候站起来活动活动，看看窗外的风景。再比如位于我们楼层的其他公司的工位有许多开放的沙发，每当我状态实在不好时，就溜过去躺一躺，或者散散步，听着冯老师的音频做一做正念呼吸，让自己慢慢地平静下来。随着完成一项项工作任务，得到领导的肯定与表扬后，我也开始找到工作中的价值感与乐趣。此外，我对于工作时刻保持中正的态度，如果累了不想加班就早点儿下班，精力好的时候就尽量多做一些，提高效率。每天下班后第一件事是先洗澡换上睡衣，尽量通过阅读和冥想将自己从工作的环境中抽离出来。慢慢地，我真的逐渐做到了接受工作并找回了工作状态，生活也重新回到了正轨。

最后，总结一下在这次情绪风暴中能够抽离的几点经验吧。第一，对待想法和念头，要明白，念头只是念头，是大脑的一些自动化反应，念头不是"我"。要关怀自己一些消极的想法，这么多年大脑就是这样自动化反应的，像对待我们身体不舒服的感受一样，不去责备大脑产生的想法与念头。因为大脑也只是我需要关怀的一个身体部件而已，那么由它产生的产品，不论好坏，我都愿意去接受。第二，保持对情绪的平等心，觉察到负面情绪的时候，不拼命地逃避与压制，觉察到正面情绪也不抓取。我这次的情绪起伏其实部分是由于五一前的那段练习正念的经历让我非常快乐，我贪求那样的平静和愉悦，同时想把焦虑的情绪挡在门外，产生了很多对它的抗拒，这是不现实的想法。第三，对待行为，要时刻保持清晰的觉知，看见即疗愈。进入焦虑、抑郁等情绪状态的时候，大脑往往是进入自动化反应模式的。比如焦虑的时候很想迅速解决一些事情,就很容易在完不成一件事时又着急去做另一件。当我能够清晰地觉察自己的行为时,就已经为自己制造了一个空间,可以通过聚焦于当下来切断连锁的行为反应链条,削弱负面循环的能量。第四,建立一个强大的支持系统,可以来自家人、朋友、同事、领导和专业人士。特别感动的是,在我经历情绪风暴时,冯老师主动加了我的微信,两天的时间里,一直在背后默默地倾听我,鼓励我,还和另一位老师一起给我打电话做了紧急的心理干预。一起参与课程的同学也给了我很大的鼓励,每周的团体课程对我来说都是一次治愈之旅,我经常能够在大家的身上看到许多自己之前看不见的影子,从而提升自己的正见。此外,我的家人、朋友、同事与领导都给予了我很大的支持。第五,培养喜欢的运动。过去我喜欢拳击,一段时间我甚至非常喜欢通过拳击宣泄我的恐惧,后面发觉过度锻炼反而对我的身心造成了负担,因此,运动也要带着正念,保持中正的觉知。对我来说,现阶段,瑜伽配合正念的练习是最适合我的,拳击可以等到体能恢复之后再继续。第六,尝试做一些让自己开心的小事。比如,近期我迷上了研究鲜花,每周日上午上课前,我都会早起去花市买最新鲜的鲜花,一半留在家中,另一半分享给当下一同冥想的老师和同学。鲜花太美好了,我能感受到生命的力量和美,我很享受把这种美和快乐分享出去的乐趣。再比如,我买了一些有趣的正念贴纸,每周都会自己"抽奖"后粘贴到电脑上,给自己打气。

——范磊,男,公司职员,32岁

正念，智慧之道

正念，是心灵的健身房。 我们在实体健身房里，通过不断重复举起哑铃、杠铃等器械，训练我们的肌肉与力量。而正念与此类似，通过重复性的练习，来提升我们的心力，也就是心理掌控力，诸如专注力、自制力、行动力等。如在正念呼吸中，心力一次次从呼吸上跑掉，陷入念头中，然后再一次次地拉回到呼吸上，就是在这个过程里，我们的专注力、自制力才能够一点点提升。

正念，是离苦得乐的过程，这和前面我们提到的不趋乐避苦并不矛盾。不避苦、不趋乐是在每次练习或每个当下保持一种平等、平衡的状态，这种状态便于我们对各种情绪保持观照，不黏着、不陷入，有助于情绪能量的自然流动与消退。当我们这种正念的能力越来越强时，我们自然就能够逐步跳脱痛苦的循环，享受越来越多的平静、喜悦及慈悲。这是通过长期的正念练习自然可以达成的目标，但并不是在每次正念练习中刻意追求的效果。

正念，是一个由定生慧的过程。正念的很多练习，都是在帮助我们这颗散乱的心逐步安定下来，然后清明的觉知和智慧会逐步生起。我自己在正念课程里，常常通过这样一个比喻来描述这个由定生慧的过程。我们平时就好像一瓶浑浊的水，充满杂质，无法看清事物的真相，这些杂质就是我们的各种错误观念和负面情绪。通过正念我们首先让自己安静与专注下来，就像让这瓶水的杂质沉淀下来，开始变得透明，我们就能够更清楚地看到事物。然而如果这些杂质还在，只要遇到一些挑战，水就可能重新变得浑浊。我们还需要通过正念练习，持续地清理掉这些杂质。当这些杂质被彻底清理干净时，我们就可以清晰地看到世界的真相，而且不会再被外在和内在的杂质干扰。这时，真正的智慧就会生起。

对于正念所要到达的地方，我想借助西方哲学中一个经典的命题来描述，这就是柏拉图的洞穴之喻。柏拉图在其《理想国》里描述了这样一个比喻：在一个很深的山洞里，有一群囚徒从出生就被巨大的锁链锁在洞里，其眼睛所能看到的只是山洞墙壁上一些虚幻的影子。我们每个人就像山洞里的囚徒，我们眼里的世界只是虚幻的投影，锁住我们的锁链就是我们的思维、情绪和行为模式，我们很多人终其一生都被锁在自己的山洞里，画地为牢。而**正念，就是帮我们有力量摆脱思维、情绪及行为这几条粗大的锁链，最终走出山洞，走到外面真实的世界里，看到世**

界的真相,获得全然的自由,拥有最终的选择权,"从心所欲",而又"不逾矩"。

道行无喜退无忧,舒卷如云得自由。

——白居易

目录

赞誉

自序　正念助我自利利他

前言　正念：离苦之道

第1章　正念：心灵健身房 　　1

正念的缘起及发展　　5

什么是正念　　8

正念的价值　　12

正念的优势　　18

如何练习正念　　22

练习中的挑战　　24

正念数息练习　　30

第 2 章 　 正念觉察：找出苦因　　33

认知行为模型　　37

五蕴模型　　45

正念觉察　　48

正念呼吸练习　　51

第 3 章 　 正念感知：如实观察　　55

我们如何感知这个世界　　57

过去影响我们的感知　　61

正念感知，放下过去　　64

正念感知练习　　69

第 4 章 　 正念认知：减少内耗　　73

情绪ABC理论　　77

觉察固化的认知模式　　79

一念之转，地狱到天堂　　87

正念减少内耗　　90

念头观照练习　　93

第 5 章 　 **情绪管理：离苦得乐**　　97

任何情绪都有价值　　100

情绪无好坏　　103

情绪从哪里来 105

认识焦虑 108

看清抑郁 120

正念情绪管理 129

身体扫描练习 158

第6章 行为转化：切断苦因 165

行为的重要性 169

行为的驱动力 177

负面行为模式 182

行为转化工具包 188

上瘾行为的转化 206

正念行走练习 215

第7章 改善健康：正视疾病 219

身心关系 222

正确面对疾病 229

正念改善健康 237

正念助眠 242

阴式呼吸 251

第8章 跳出循环：解脱痛苦 259

循环中的因与果 261

	循环的动力	270
	循环的主人	274
	开放觉知练习	278
第9章	正念生活：享受当下	285
	行动模式与存在模式	288
	生活中的正念	303
	正念吃橘子练习	308
第10章	正念：由定生慧	311
附录A	深圳职业技术大学正念训练营效果评测	321
附录B	深圳慕思正念训练营效果评测	325
附录C	广州三星正念训练营效果评测	330
附录D	深圳迈瑞正念训练营效果评测	333
致谢		336
参考文献		339

一沙一世界

一花一天堂

无限握于手

永恒刹那间

　　　——威廉·布莱克

第1章 正念：心灵健身房

陈放是我们正念课程中的学员,理工男、工程师,习惯性地会通过合理化来抑制自己的情绪,早些年曾受抑郁困扰。经过近一年的正念修习后,明显感到有更多的笑容出现在他脸上。他在课程分享中说自己越来越能够感受到当下的美好和丰富了,能够感受到更多情绪的流动。他分享如下。

在快节奏、高压的现代生活中,人们如同迷失在无边琐碎事务的海洋,心灵的呼唤常被淹没。然而,正念冥想,这一独特的心灵训练法,正逐渐受到人们的热烈追捧。它如同一个温柔的港湾,让我暂时卸下肩上的重担,缓解深藏的压力和焦虑。更重要的是,它像一把神奇的钥匙,引领我打开自我探索的大门,显著提升个人的自我意识和情感洞察力。

我,作为一名语音工程师,身处日复一日的繁忙工作之中,过于理智且深受完美主义之困。这种工作与生活态度使我在不知不觉中积累了沉重的压力和焦虑,长期的情绪压抑如同火山,终会在某个不经意的瞬间爆发。那些深夜里,我常常被焦虑和各种负面情绪所困扰,心灵无处安放。

幸运的是,一个偶然的机遇,我走进了冯老师的正念冥想课堂。最初,我每天都尽量抽出十几分钟进行冥想练习。开始时,我发现自己的心绪如脱缰的野马,难以驯服,思绪四处飘散,注意力很难集中在呼吸上。然而,我并没有放弃。随着时间的推移和坚持不懈的练习,我逐渐学会了如何将注意力稳稳地聚焦在呼吸之间。静静地感受气息在鼻腔中轻轻流淌,每一次呼吸都给身体带来微妙的感触。我惊喜地发现,我能在冥想觉知的状态中停留的时间越来越长，内心也变得越来越宁静。

然而，在这个过程中，我也遭遇了一些意想不到的挑战。有时，在冥想的过程中，我的脑海中会突然浮现出过往令我特别恐惧的画面或幻象，如恐怖的人脸、游动的毒蛇，甚至是各种妖魔鬼怪。这些画面的出现会让我瞬间陷入极度的恐惧之中，心跳加速，冷汗直流，难以名状的恐怖感笼罩着我，让我很难再专注于当下，总是被这些恐怖的情绪所牵绊。

面对这些挑战，我逐渐学会了运用正念的力量去应对。它如同心中的一盏明灯，照亮了我内心的恐惧和混乱。我开始尝试如实地观照这些浮现的画面和其中蕴含的情绪，不再选择逃避或抗拒。在这个过程中，我慢慢地觉察到，这些恐惧的情绪和画面其实是我内心深处长期累积的负面能量在作祟。

随着时间的推移和持续的冥想练习，我逐渐掌握了如何用正念去接纳和释放这些恐惧情绪。我惊奇地发现，当我勇敢地面对并穿越这些恐惧情绪时，它们竟然像烟雾一样慢慢地消散了。那些曾经让我胆战心惊的恐怖画面也逐渐变得模糊不清，最终消失不见。这种变化让我感受到了前所未有的释怀和轻松，仿佛卸下了千斤重担。

更值得一提的是，在冥想的过程中，我不仅成功地释放了内心的恐惧情绪，还逐渐觉察到内心深处的其他思绪和情感。我发现自己常常不自觉地陷入对过去的回忆或对未来的担忧之中，习惯于压抑自己对情感的流露。我总是用理性去解释生活中的一切事物和现象，从而忽视了自我真实的感受，也错过了许多当下的美好瞬间。然而，通过冥想练习，我学会了如何将脱离实际的思绪重新拉回到当下这个现实的世界中来。我开始真切地感受自己此刻的身体状况与情感体验，重新与自我建立起了紧密的联系。

这种对当下的深刻觉察让我对自己有了更加全面和深入的了解。我清晰地认识到了自己的内在需求和情绪状态，并且不再轻易地被外界的声音和意见所左右。同时，在这个过程中，我也逐渐学会了以更加开放和包容的心态去看待自己以及周围的一切事物和现象。我开始尊重自己的每一种情绪反应和选择，不再过分苛求完美无缺的结果，而是真心实意地去接纳自己所拥有的一切美好与不足之处。

参加正念课程快一年了，随着痛苦的减少，越来越多的快乐在生活中自然生起：

1. 重新发现生活中的美好：有时，我会不自觉地沉浸在生活的细枝末节中，重新发现那些曾经被我忽略的美好。当在路边散步时，我会注意到路边的树木郁郁葱葱、生机勃勃，街道被清扫得干干净净，天空呈现出美丽的蔚蓝色，晴朗而广阔。这些以前未曾关注的当下瞬间，如今却带给我无尽的愉悦和满足。

2. 冥想后的宁静与愉悦：每次冥想结束后，我总能深切感受到一种更为深沉的平静。这份平静并非通过刻意寻求而获得，它就像是山间清泉，自然而然地流淌在我心田。随之而来的，是越来越多的愉悦时刻。这些快乐并非我主观去捕捉，而是像春日的暖阳般自然洒落，使我感到前所未有的舒适与释然。

3. 放大生活中的"好事"：如今，我更能欣赏生活中的"小确幸"。比如下班这一刻，曾经只是我日复一日工作中的一个平常环节，但现在却能带给我特别的喜悦。路上的行人、整洁的街道、轻抚的微风，这些平凡的事物如今都让我感受到前所未有的快乐。这种快乐简单而纯粹，不需要任何理由，只是内心的自然流露。

4. 卸下重负，享受当下：有一次，经过两日正念修习后的几天，我体验到了前所未有的喜悦。那种感觉仿佛回到了无忧无虑的童年时光，没有烦恼、没有压力、没有任务、没有目标，只有纯粹的平静和满足。我脑海中浮现出小学一二年级时，放学后与小伙伴们一路嬉戏打闹回家的场景，那种无忧无虑的生活状态让我感到无比的轻松和愉悦。这种感觉就像是我曾经抱着氧气瓶在水下生活，四周充满了沉重的阻力和无形的压力。而现在，我终于浮出水面，呼吸到了新鲜的空气，感受到了前所未有的自由和轻松。仿佛脱掉了氧气瓶的束缚，我如释重负地在岸边畅游，享受着每一个瞬间的快乐。

——陈放，男，工程师，30岁

陈放是在正念这个心灵健身房里，通过精进练习，不断强化内心的力量，进而离苦得乐，提升生活的品质。本章将首先让大家了解正念的发展、定义、价值以及如何开启正念练习等，邀请大家进入正念之门。

正念的缘起及发展

正念起源于佛法，是 2500 多年以前佛陀倡导的重要修行工具，有着古老而悠久的传统。佛法修行的重要目标是离苦得乐，以苦、集、灭、道"四圣谛"为步骤，就是"知苦、苦因、苦灭和灭苦之道"。灭苦之道是"八正道"，即正见、正思维、正语、正业、正命、正精进、正念、正定。佛法修行强调戒、定、慧，而正念就是到达智慧的重要路径。

20世纪中后期，在一行禅师、葛印卡老师等诸多人的共同努力下，正念的理念及方法逐步传入西方，为西方世界带来了一股清泉。正念在漫长的历史长河中，虽然被很多人实践，但是主要限于佛教徒修习，并没有形成成熟的定义及系统的修习方法，所以传播很困难。西方人接触到正念后，很快利用科学理性和逻辑为其构建了一套明确、完整、系统的方法，同时结合大量的科学实证数据，这为正念被越来越多的大众接受提供了很大的便利。西方的心理学家和医学家将正念的概念和方法从佛教中提炼出来，剥离其宗教成分，发展出了多种以正念为基础的心理疗法。这种剥离也打消了许多人的担心，让人们明白不需要成为佛教徒也可以修习正念。这样正念逐步在西方发展成为一套大众化、科学化的身心疗愈系统。

1979年，美国的乔恩·卡巴金博士在麻省理工学院医院中心启动正念减压（Mindfulness-Based Stress Reduction，MBSR）项目，同时西方科学界及心理学界开启了大量有关正念科学价值的研究项目。多项科学实验及实证研究表明，正念有着广泛的价值，且这些转化作用有着坚实的科学基础。随着正念减压项目的深入进行，逐步形成了一套完整的正念修习体系，此项目前后惠及数万人。后来，英国牛津大学马克·威廉姆斯教授等发展出正念认知疗法（Mindfulness-Based Cognitive Therapy，MBCT），该疗法以认知行为治疗（CBT）为基础，融入正念减压疗法的理念和练习，发展出一套结合东方禅修静心与西方认知理论的方法。该方法的系列研究表明，MBCT 减少抑郁症复发率达 50%，效果甚至超过了药物治疗。

近些年来，西方很多大型公司把正念引入了企业管理领域，发展出了很多正念领导力的提升工具。苹果公司的乔布斯、福特汽车掌门人比尔·福特、Facebook 创始人马克·扎克伯格、桥水基金创始人达利欧等企业家都是正念的坚定实践者。以 Google 为代表的硅谷高科技公司和通用磨坊、麦肯锡等其他众多全球知名公司，也把正念训练作为提升领导力、专注力、创造力和员工身心健康的常规做法。斯坦福大学、哈佛大学、牛津大学等高校也建立了专门的研究中心，围绕正念开展科学研究。这样，**正念从心理学界逐步扩展到医疗、教育、企业管理等诸多领域，形成了一棵枝繁叶茂的参天大树。**

近些年在国内，众多的正念修习中心在各地逐步出现。缅甸的葛印卡老师倡导的内观修习在全国多地已有中心，前后有数万人参加了修习。很多国内企业积极引入正念，如华为、腾讯、慕思、迈瑞等。前易趣创始人邵亦波推出一个一亿美元的投资计划，目标是"以科技推进人类心灵的自由与快乐"，他自己不仅践行正念，还通过投资的方式推动正念惠及更多的人。在疫情期间，正念冥想被国家卫健委推荐为情绪调节的有效方法。很多医院也把正念减压（MBSR）和正念认知疗法（MBCT）作为改善焦虑、抑郁和失眠的主要心理学疗法。国内目前已有众多的正念应用软件/小程序，推动越来越多的人开始线上正念练习，如当下冥想、NOW冥想、睿心冥想等。所有这些努力，都推动着正念在中国的迅速普及。

什么是正念

混沌则暗，觉醒则明。

——亨利·戴维·梭罗《瓦尔登湖》

在说明什么是正念之前，我们想先谈谈大家对正念的一些常见误解。在正念课堂上，我们问大家"什么是你理解的正念"时，大家的回答通常是"正确的思维""好的念头""正面的情绪""正能量"等。在大家好坏、对错的二元世界里，正念的"正"很容易被片面理解为正向的、好的、积极的含义，而"念"常常被理解为我们最为熟悉的念头、思维、想法等。

我们首先从佛法本源来探讨一下什么是正念。正念最早起源于佛教经典《大念处经》，念处的意思为系念的依处或专注的对象，经文里提到的"四念处"即以身、受、心、法作为专注的对象。正念的"念"为忆念、系念、专注之意，即心稳固地沉入所专注的目标，不散乱、不飘浮。正念的"正"为正知，即对当下所做的每一件事时刻保持清明、觉醒、了了分明。所以**正念即一种清明的专注**。正念练习可以选用不同的专注对象，如正念呼吸是以呼吸为专注对象，念头观照是以念头为专注对象，身体扫描是以身体里的感受为专注对象。

我们再从现代科学的角度来认识一下什么是正念。卡巴金博士是最早把正念引入美国的心理学家，对正念做了大量科学的实证研究，是正念领域内的开创性权威，我们借用一下他对正念的定义。卡巴金博士将正念定义为"有意识地、不评判地专注于当下而生起的觉知"。从这个定义可以看出正念的几个重要特征：一是有意识地专注于当下，主要是对治我们心的散乱，散乱给我们制造了很多情绪上的问题，而正念的很多训练方式都致力于提升我们当下的专注力；二是不评判，主要对治我们的过度思虑，不评判并不是不去思维，而是对思维保持观照，进而不被思维带走；三是提升觉知力，觉知力就是对我们的呼吸、想法、身体感受、情绪及行为等保持观照的能力。

觉知力是正念科学定义的核心内容，也是理解正念的重点和难点。有人把觉知力称为"上帝视角""第三只眼"或"旁观者"，它是超越我们的感官知觉、想法、感受和行为之上的一种新的能力，这是一个新的维度（如图1-1所示）。正是因为有了觉知力这个维度上的提升，才能帮助我们有能力跳出旧有的感官知觉—想法—感受—行为这个强大的循环。爱因斯坦曾说过："你无法在制造问题的同一维度上解决这个问题。"原来我们之所以无法摆脱这个强大的负面循环，就是因为我们缺乏新维度上的觉知力，而这种能力正是正念训练的核心。觉知力可以被简单描述为："我知道我在呼吸，我知道我看到了……，我知道我听到了……，我知道我想到了……，我知道我此刻的情绪是……，我知道我此刻的身体感受是……，我知道我此刻的行为是……。"然而，这种描述实际上很难让我们准确形容这种能力，因为觉知力本身就是超越思维和语言的，所以我们无法通过低维度的语言这个工具去准确描述一个更高维度的对象，我们可以在实际的正念练习中更准确地感知这种能力。在一次正念课堂上，我的一位咨询师朋友突然醒悟说："噢，**我觉得觉知力就像一道光，照亮了我的内在，驱散了无明的黑暗。**"

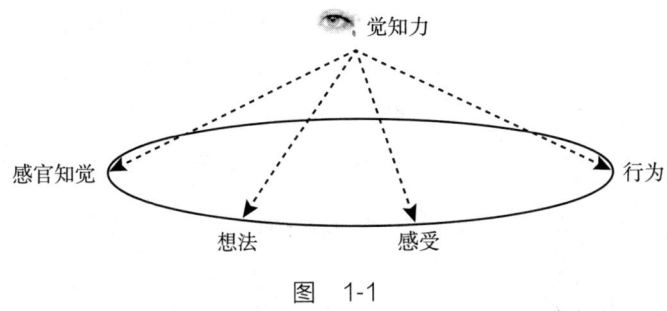

图 1-1

对比佛法本义里的正念和科学定义里的正念，我们会发现两者有共同及不同点。两者都强调的是清明的专注，但科学定义里面多了觉知力这个智慧的部分。这是因为佛法是一个庞大的体系，正念只是"八正道"里的一个方法，而"八正道"又是"四圣谛"（苦集灭道）中道谛的修行方法，所以佛法本义中的正念含义比较单纯，就是清明的专注，是一种培育定力的方法。而正念的科学定义中，之所以强调了觉知力这个智慧的部分，是因为它把正念本身作为一个系统，而非一个单纯的方法，这个系统完整包含了"从定生慧"的过程。之所以这样，我想是因为最早引入正念的西方人一开始就把正念和智慧视为一体了。现代意义上的正念已经发展成为一个体系，这里面既包括正念冥想的多种工具和方法，如正念呼吸、念头观照、身体扫描等，又包括了通过这些修习方法所能达到的智慧境界，同时还延伸到了正念运动、正念饮食、正念分娩等多个领域。本书的架构基于现代科学的正念体系，系统介绍如何通过正念来"由定生慧"，进而能"离苦得乐"的过程。

正念的价值

知止而后有定，定而后能静，静而后能安，安而后能虑，虑而后能得。

——《大学》

正念之所以能够在西方世界被广泛接受，是因为这些年来诸多的科学研究及实证数据都表明了正念的效果，在心理学、医学、生物学、脑神经科学、教育学等诸多领域内，都发现了正念能产生诸多有价值的影响。

我们引用英国的利兹·霍尔在《正念教练》中主要的一些研究结论：

- 增加大脑中负责学习及记忆、情绪控制的区域中的灰质含量。
- 可强化前额叶的功能，减少因变老引起的前额皮层变薄现象，该区域与我们的高级决策相关。
- 大脑 γ 波的强度增加，说明更多神经元在同时活动。

- 增加左前额叶区域的活动量，这有利于情绪改善。
- 杏仁核活跃度降低，这有助于缓解恐惧、焦虑及压力等情绪。
- 降低皮质醇含量，进而缓解压力。
- 让副交感神经系统更为活跃，交感神经系统更为安静，这有助于睡眠。
- 提高免疫系统机能。
- 改善身体健康状况，如2型糖尿病、心血管疾病、哮喘、经前期综合征及慢性病痛等。
- 改善心理状况，如焦虑、失眠、恐惧、进食障碍等。

我们在最近三四年的正念训练营课程中，不断收集积累正念练习的数据，可以看出正念所取得的明显效果。我们的正念训练营课程进入了大学、企业、医院以及健身机构等，前测和后测数据表明，经过1~2个月系统的正念练习，学员在焦虑、抑郁和失眠等问题上会有明显改善。很多学员的总结反馈表明，其情绪稳定性、专注力、创造力以及人际关系等诸多方面，都有明显改善，这些具体数据及总结见附录内容。

综合以上研究结论和我们自己的实践，总结一下正念带来的价值如下：

1. 改善焦虑、压力及抑郁等负面情绪

通过正念训练提升的专注力和觉知力，使我们深入到自己的心理过程中，更加清晰地觉察自己的思维和情绪，逐步弱化强迫性思维，进而减少负面情绪的产生。同时通过学会和负面情绪相处，不压抑、不抗拒，让这些负面情绪能够更及时地释放、清理。这些正念练习最终引发了前面所述的杏仁核、前额叶等大脑结构的变化，以及皮质醇、肾上腺素等激素含量的下降，减少了多种负面情绪。

2. 改善失眠、炎症等健康问题

研究表明，我们的情绪和健康密不可分，身心一体。焦虑、压力等负面情绪会导致皮质醇等激素含量升高，这会严重影响我们的免疫系统，而免疫系统是我们健康的屏障，这道屏障的失效会让我们首先陷入亚健康状态，进而为各种重大疾病的滋生提供温床。长期的正念训练通过降低皮质醇含量，进而提高免疫系统机能，首先改善各类亚健康状况，如失眠、劳损、炎症、肠胃问题、头晕等，同时对一些疾病也有重要改善作用，如心血管疾病、糖尿病、哮喘、经前期综合征及慢性病痛等。

近些年的研究还表明，正念练习通过减少负面情绪和提升免疫力，可以提升人体的端粒长度和端粒酶活性，而这可以减缓细胞衰老的速度，延长我们的寿命，这部分详细的说明见后面的章节。

3.改善上瘾、拖延等行为问题

无论是上瘾、拖延等个人模式，还是讨好、指责等关系中的模式，这些负面行为模式的驱动力一方面来自我们强迫性的思维，另一方面更深层的动力来自逃避一些负面情绪，这是人类趋乐避苦的习性。正念练习通过弱化负面情绪，大大降低了这些负面行为的驱动力，进而可以有效改善这些负面行为。

很多人通常认为行为习惯源于性格，性格又源于遗传基因，而基因无法改变。但是最近的科学研究表明，基因表达受思维方式、情绪及行为模式等多种因素影响，而长期的正念练习可以改变一个人的基因表达，这部分的内容后面也有详细介绍。

4.增强同理心，改善人际关系

同理心是感知到别人想法、情绪及期待等的能力，是人际关系的润滑剂。如果没有同理心，我们很容易陷入自己的自动化模式，导致破坏人际关系的应激行为，如抱怨、指责、攻击、逃避、切断等。长期正念训练可以增强同理心，改善心理机能，同时觉知力的提升可以让我们对自己的内在反应过程越来越清晰，这样就更容易避开自动化反应，更加有选择、身心一致地做出回应，帮助我们把自己情绪及行为的方向盘牢牢掌握在自己手中。

5. 提升工作效率

很多人认为只有在压力、焦虑等情绪推动下才能更加高效地工作，其实这是一个误解。虽然一定的压力可以提升效率，但过大的压力则会降低我们的专注力和创造力，导致我们的拖延、涣散，进而影响我们的工作效率，还会让我们付出很多的身心代价。正念状态下，我们既专注又清明，有助于我们更加轻松而高效地达成工作目标，所谓"制心一处，无事不成"，这也是很多大型企业为员工引入正念练习的原因。

6. 提升创造力

创造力是指产生新颖又恰当的想法的一种能力，其最大的障碍是我们大脑中那些固化的神经回路，这就如同我们太习惯走某一条路回家时，我们就很难去寻找其他的新路径。创造力需要平和的心境及放空的状态，因为情绪化，尤其是一些负面情绪，容易让我们陷入自动化的应激反应，从而制约我们的创造力。很多长期的正念练习者，包括我自己，常常有一个发现，对于很多一直困扰我们的问题，常常会在正念的练习中突然找到新的解决方案。对于这个过程，苹果创始人乔布斯作为一个长期的正念练习者，有过这样一段精彩的描述："这是一个经典的时刻。我独自一人，所需要的不过是一杯茶、一盏台灯和一台音响。随着时间的推移，我的思维会平静下来，我可以感觉到更微妙的东西——我的直觉出现了。我开始可以更清楚地看到事物，并且活在当下。我的头脑正在慢下来，我看到了一个巨大的空间，远远超过我以前看到的一切。"

7. 提升领导力

正念领导力是一种新型领导力，它不同于传统领导力以控制为手段、以目标为导向的方式，正念领导力立足于当下，以自我觉察为基础，同时关注他人与环境，从而做出身心一致的回应。脑科学实验证实，当我们过于聚焦于某一个目标时，我们的感官知觉（看到、听到……）、判断及选择都容易受到局限，所谓"一叶障目，不见森林"。**正念领导者可以做到既有目标，又不局限于目标，从而获得更广阔的视野、更全局的判断力以及更高层次的决策能力。**通常我们都是工作在左脑模式，左脑是我们的思维大脑，负责我们的逻辑、理性，而右脑是我们的直觉、创意、丰富想象力的来源，正念训练可以让我们很好地整合左右脑的资源，让我们的决策既理性又有直觉，既关注局部又注重整体。正念领导力在国内外都受到很大的重视，有好几部这方面的专著大家可以查询阅读。

8. 增强幸福感

幸福感是个人在当下感到愉悦情绪的能力，很多人要么活在过去,要么活在未来,很难有能力真正活在当下,享受当下,而这种能力是可以通过正念训练来提升的,很多的研究结论证明了这一点,本章开始陈放的案例就很典型。幸福感的影响因素众多,心理幸福感量表将心理幸福感划分为自我接纳、个人成长、生活目标、良好关系、环境控制、独立自主6个维度。2015年,山西医科大学选取90名本科生,将其随机分为实验组和对照组(各45名),以此实施有关正念训练的实验。训练后与训练前比较,实验组正向情感、生活满意度总分、心理幸福感总分的增值显著高于对照组,负向情感的差值显著低于对照组,脑电 α 波的增值显著高于对照组,肌电和心率的差值显著低于对照组。结论表明正念训练能够有效提升个体的幸福感,改善心理和生理状态。卡巴金博士说:"正念是一种智慧的、具有疗愈力量的方法,能帮助我们随时随地获得一定程度的幸福感。这种幸福感可以被触摸、被挖掘,并贯穿我们的日常生活。"

正念的优势

对于焦虑、抑郁及失眠等身心问题的转化,目前主要的方法有药物治疗、心理咨询、物理治疗以及正念训练,下面我们来对这些方法做一些比较分析。

1. 药物治疗

药物治疗目前仍然是治疗身心症状最主流的方法。药物治疗的原理是通过改变神经系统中神经递质的含量来调节我们的情绪或改善睡眠等方面的问题。

优点：见效快。药物是作用于身体或神经系统本身，能快速缓解相关症状。

缺点：

- 有一定副作用，可能出现如头痛、头晕、嗜睡、腹泻、便秘等不同的生理反应。
- 可能导致药物依赖，甚至用药的剂量会逐渐增加，有的患者还需要不断调整药物。
- 症状容易复发。药物只是改变神经递质的水平，但对于导致这些症状的心理因素没有任何改变，所以靠药物治疗后，症状的复发率很高。

2. 心理咨询

心理咨询目前的接受度越来越高，成为继药物治疗之后大家可以普遍接受的方法。其优点是不会造成药物的副作用；缺点是转化效果一般，因为心理咨询主要是打破来访者的一些认知障碍，了解身心症状的根源，但要转化来访者强大的情绪和行为模式，只是靠知道一些道理是远远不够的，从知到行还有很长的路要走。

3. 物理治疗

目前主要的物理治疗方法有脑电治疗、经颅磁刺激治疗等，主要原理是通过脑电波或磁场来调节相关神经递质或激素的释放和分泌，进而改善症状。这类方法同样会有一定的副作用，而且只是缓解症状，不能从根本上解决问题。

4. 正念训练

正念是最近这些年才逐渐被大家所了解的一种方法，目前在国内整体的接受度还不算高，这套方法有明显的一些优势：

- 从根本上转化身心问题。前面所述的药物或物理治疗都是治标不治本的方法，而**正念则聚焦于产生症状的身心模式，从很细微的认知、情绪和行为等模式来进行深度的调整与转化**，也就是从"因"上做功课，最终引发"果"上的改变。而且这种转化是深层的，不容易导致复发，除非我们又开始陷入原来的习性中。

- 无任何副作用。正念训练只是转化身心模式，不像药物或物理疗法是针对身体本身，所以没有任何副作用。同时也不像心理咨询可能不断探究身心问题的根源及原因，正念只聚焦于当下的转化与清理。就像对于桌面上的一块脏东西，心理咨询的方式是去研究这块脏东西是由什么构成的，可能有油渍、饭粒等，而正念则不关心这里面有什么，而是不断地去擦除，直到最后清除掉这块脏东西。

- 避免"病耻感"。对于焦虑、抑郁这些心理症状，很多人还是会有一种"病耻感"，甚至拒绝就医。有些人会谈心理疾病而色变，这些病症的标签反过来更会加重焦虑情绪。而正念是一套教育转化系统，我们也不会为学员贴上"病人"的标签。当然，对于一些症状严重到无法正常上课，或者认知有困难的学员，我们也会建议其先去就医或通过药物稳定症状后，再通过正念来转化。

与药物治疗相比，正念的缺点在于起效比较慢。因为正念是在对抗我们长期形成的顽固习性，所以需要持续练习才能逐渐有效果，这对于习惯快餐式学习的现代人，可能会是一个挑战。一般来说，经过1~2个月训练营的系统学习和练习后，都会有比较明显的转化效果，但如果希望巩固这些效果至不复发，还需要更长时间的练习，具体时间因人而异。

如何练习正念

正念练习是在转化我们长期以来形成的习性,所以需要持续坚持才会有效果,对此我们说得最多的一句话就是正念**"越练习,越受益"**。下面我们介绍一些进行正念练习的注意事项。

1. 时间

通常我们选择在晚上睡觉前和早上醒来后进行正念练习。这两个时间段最容易保证有充足的练习时间,且不容易被打扰。睡觉前练习,可以帮我们释放白天累积的负面情绪,让我们以轻松的状态入眠;早上起床做练习,可以继续清理一些梦境所残留的情绪,给一天的工作和生活充满电。当然,在工作间隙或午休期间,你也可以选择合适的正念练习,让自己放松或重启。

2. 时长

正念练习有一个循序渐进的过程,对于初学者,每次练习可以从 10~15 分钟开始,然后最好能逐步增加时长,因为不同的时长会遇到不同的卡点,逐步突破这些卡点,会不断增强我们正念的力量。刚开始练习时,身体还比较僵硬,容易出现各种酸麻胀痛,所以需要一个逐渐适应的过程。对于一些重要场合之前的放松,如工作或会议间隙的练习,只需几分钟,就可以给自己一个

3. 环境

选择一个尽量安静的地方，准备好坐垫、披盖的毛巾等物品，有条件可以适当用一些精油香熏。初学者可以播放一些轻柔的背景音乐或引导词，这些有助于我们集中注意力，不被散乱的思绪或负面的情绪带走。随着练习时间的延长，我们有能力较为专注的时候，就可以不再使用引导词。另外，练习前可以少量进食，过于饱胀不利于静坐。

4. 坐姿

打坐练习是正念中最常见的方式。打坐的姿势我们叫"端身正坐"，也就是让脊柱挺直，但直而不僵，身体仍然是放松的，双手自然放置在身前或膝盖上。脊柱挺直会让我们的气脉顺畅，有助于更长时间的练习。有些朋友一说挺直脊柱，就容易绷紧双肩和身体，但正念是一门平衡的艺术，需要在松紧之间找到一个中道平衡。如果是盘坐练习，初学者可以选择最为放松的散盘，即双腿自然交叉，不需要勉强用高难度的"单盘"或"双盘"，以免受伤。正念练习对于盘坐方式及手的姿势都没有特殊要求。

除了打坐练习外，正念还有很多其他形式，例如正念行走、正念饮食等。其实在我们的行、住、坐、卧中皆可练习正念，**学习正念是为了最终在生活中践行，以便在每一刻保持清明的专注。**

练习中的挑战

正念练习是一件并不容易的事情,甚至是一件"反人性"的事情。人类的一个很强大的习性就是趋乐避苦,我们常常习惯通过一些像快餐一样的事情来逃避当下的痛苦,如刷手机、吃零食等,但**正念练习恰恰让我们不避苦、不趋乐,进而离苦得乐**。所以这对于练习者,尤其是初学者,会是一个很大的挑战。

我第一次参加十日内观课程时,每天长达10小时的打坐,全程禁语,没有任何手机或电子设备可用。当焦虑、烦躁、疼痛等情绪和感受出现时,只有直面,无处可逃,那时候常常有一种冷水浇在炭火上般的强烈感受,正念就是这样释放我们长期储存在身体里的各种负面情绪的,这个过程并不容易。

下面我们分享一些课堂中学员经常集中反馈的一些问题及应对方式。

1. 念头

刚开始进行正念呼吸练习的人遇到的重大挑战就是思绪纷飞、念头不断,往往被念头带走很久之后,才意识到自己是在练习专注呼吸。很多人为此容易沮丧,认为自己练习的效果太差,实际上这是很正常的,这是我们绝大多数人的习性而已。这时候我们的念头就像一个顽皮的猴子一样，可以想象一下我们试图让一个顽皮的猴子安静下来会有多困难，实际上我们需要做的只是接纳这个猴子的本性。冥想教练埃米莉·弗莱彻（Emily Fletcher）曾说："让你的大脑停止思考就好比让你的心脏停止跳动。"

对于练习中的念头，我们要运用中道平衡的智慧，既不是致力于消灭念头，也不是完全放任念头。正念呼吸中具体的做法是，接纳念头本身并非问题，觉察到念头生起后，只要重新温和地回到呼吸上即可，如此往复。一个学员这样分享对于念头的看法：

> 念头就像我们听到的声音一样，可以拉开一定的距离，念头也只是念头，它并不完全真实。念头可以被比喻为一台被放在后台的收音机，你可以收听，甚至是观察，但没有必要详细考虑你收听到的内容，或者根据它采取行动，通常你不会按收音机中某个人所讲的那样去思考或者行动，所以念头也是。

当然，为了帮助我们更好地专注，减少念头的影响，我们可以借助一些小技巧。例如发现自己被念头带走时，可以通过几次深呼吸把注意力拉回到专注对象上，也可以通过正念数息或腹式呼吸的方式来练习，无论是数息还是集中注意力到腹部的起伏上，这相对于细微的呼吸来说都是比较粗重的目标，容易专注以减少念头的影响。这些选择如同练习初期的"小拐杖"，当我们的专注力越来越强时，我们可以逐渐放下这些"小拐杖"，单纯聚焦于呼吸本身。

2. 昏沉

很多人一开始进行正念练习，就容易昏沉或打瞌睡，这也是一种正常现象，实际上在正念练习中出现的所有现象都是正常的，都是当下真实状态的反应。昏沉或打瞌睡的原因可能是平时就睡眠不够，这时候身体通过疲倦来提醒我们；也可能昏沉本身就是我们的一个强大的习性，在当下呈现出来了而已。如果我们练习的意图是助眠，其实这时候就躺下来休息即可，等精力充沛时再次开始。如果我们还想继续练习，转化我们昏沉的习性，我们可以尝试加重呼吸，或者睁开眼睛练习，也可以走动一下，洗一把脸，然后继续练习。

3. 紧张

很多人在练习中会感到紧张，如眉头紧皱、肩颈绷紧等，这种紧张可能与我们执着于某个目标有关，如我们想死死地抓住呼吸不放，或者一定要扫描到某些感受时就会这样；也可能是我们累积的紧张情绪的自然释放。正念是如实地和我们当下的每一种状态友好共处，并不是一定要达到某个目标，甚至是放松或者专注的目标。但是这里有我们很强大、很隐蔽的执着，常常会无意识地陷进去，进而身心紧张。分享一个与此有关的小故事。

从前有一位正念修习者，他无法体会应该抱持什么样的心态练习。他很努力想专注，却感到紧张头痛，因此他就放松心情，结果睡着了。最后他请求佛陀帮助。佛陀知道他在出家之前是一位出名的乐手，就问他："你在家时不是擅长拉琴吗？"他点头。"你如何拉出最好的声音呢？在弦很紧还是很松的时候？""都不是。必须适度，既不可太紧，太紧容易崩断；也不可太松，太松又发不出声音。""那就对了。你的心既不可太紧，也不可太松。"

4. 烦躁

有位朋友告诉我说："我不适合做正念练习，一坐下来，就烦躁不安。"我回复她说："其实不是正念练习引起的这些烦躁不安，只是我们内在储存的烦躁不安在练习中呈现出来了而已。"

烦躁也是初学者容易遇到的挑战，刚刚练习不久，就觉得躁动不安，全身不舒服，尤其是一些负面念头生起时，会加剧这些感受。烦躁这类感受通常是我们压抑在身体里的焦虑、紧张等情感的表达，以往我们很容易通过手机、看电视、购物等其他方式转移，而在练习的当下，这些感受我们无处转移，只能直面它们，而实际上，这也是释放这些感受和情绪的好机会，只不过需要我们的耐心和接纳。

5. 疼痛

练习一段时间后，身体上容易出现一些疼痛，让我们很难再坚持下去。这些疼痛有些是本来就在我们身体里面的，如背部的、肩颈部的劳损等；也有一些是由于我们刚刚开始练习打坐，身体还很僵硬，如腿部、膝盖或者腰部。无论是哪种疼痛，我们现在需要学习的是如何与这些疼痛相处。现在我们可以学习观察这些疼痛，如实接纳这些疼痛，当我们聚焦于这些疼痛，并深入观察时，我们会发现这些疼痛的感受也会不停地变化。

我们可以尝试从两个方面观察疼痛。一方面是身体层面，留意疼痛的中心位置，以及周围是否有一些肌肉很紧张，因为某处疼痛时，我们常常会无意识地收紧周围的肌肉，以逃避疼痛，这时候我们可以有意识地放松这些紧张的肌肉，这样有助于疼痛的转化；另一方面我们可以观察我们心理上是否在抗拒这些疼痛，希望这些疼痛快些消失，如果这样，这些抗拒是在为这些疼痛注入新的能量，我们可以有意识地放下这些抗拒，单纯观察疼痛本身以及其变化。当我们有了通过观察穿越和转化疼痛的经验后，后面再遇到疼痛，就会更容易面对。一个学员曾经分享他穿越练习中疼痛的过程：

> 长时间盘坐，小腿难免会僵硬和疼痛，以前碰到这种情

况我通常会担心血液不通，迅速调姿势去解决。今天刻意没有调整姿势，发现这些感觉也会慢慢消失掉，后边竟然有些享受这些疼痛和麻。今天练习的体会是，正念能提高身体对疼痛的耐受力。

当然，如果我们还无法通过观察来穿越某些疼痛，也不需要勉强自己去硬撑，我们可以带着觉知，温和地调整坐姿或移动身体，缓解疼痛；也可以暂时停止打坐一会儿，休息一会儿再重新开始。这也是中道的智慧。

6. 眼泪

有些朋友反映称会在正念练习中流眼泪，其实这是很好的现象。现代人由于长时间看手机、电脑等电子设备，眼睛常常处于过度使用、非常疲劳的状态，而练习中的放松会激活我们的副交感神经系统，这时候自然流出眼泪有利于眼睛的深度放松。同时，流眼泪也是我们释放压力、焦虑、悲伤等负面情绪的表现。心理学研究发现，人在有负面情绪时掉出的眼泪中，含有很多的应激激素，所以眼泪可以缓解人的压力感。女性的平均寿命普遍比男性长的原因，除了生理、激素、心理等方面的优势之外，善于通过眼泪释放情绪也是一个重要因素。通常人们哭泣后，情绪的强度会有所降低，反之，若不能利用眼泪把负面情绪释放掉，会影响身体健康。

正念数息练习

注：正念数息练习音频

请找个安静的地方，选择最为舒适的姿势盘坐好，挺直你的脊柱，但身体保持自然放松，双手自然放置在身体前面或膝盖上，然后请闭上眼睛，开始这个练习。从闭上眼睛这一刻开始，把注意力从外在收回到我们的内在，留意我们正稳稳地坐在垫子上，感受身体和坐垫之间的接触感，感受此刻我们的心跳，通过这些正在发生的身体感受把我们带到这个当下。

然后请把注意力集中到呼吸上，清晰地观察每一次吸气与呼气，吸气的时候知道自己在吸气，呼气的时候知道自己在呼气，全程用鼻子自然放松地呼吸，不需要刻意放慢或加深呼吸。身体也保持自然放松的状态，当感觉到身体越来越紧张时，可以有意识地放松；如果身体越来越松弛到昏沉，就有意识地警觉起来。

当然念头会不知不觉中生起，这很自然也很正常，只要留意到念头来了，就再次回到呼吸上，对于初学者，这会是一个不断重复的过程。为了更好地帮助大家专注于呼吸，可以采用下面正念数息的方法：吸气的时候心里默念"吸"，呼气时默念"呼"，然后计数"1"，继续"吸""呼"然后计数"2"，……一直数到"8"，然后再从1开始循环。当然即便是通过数息，我们仍然有可能被一些念头带走，当留意到这一点时，就再次从1开始计数。

初学者的练习可以持续10分钟左右，根据自己的身体状况来进行，重要的是可以逐步延长练习时间，正念的力量就能够逐步提升。开始的练习可以跟随音频的引导，这有助于我们提升专注力，待正念的力量越来越强时，也可以不依赖音频而独自进行练习。

好，这就是我们的正念数息练习，现在我们准备结束这个练习，大家可以慢慢地睁开眼睛，放松一下我们的身体或双腿。

> 吸，呼
> 深，慢
> 平静，自在
> 当下一刻，美妙时刻
> ——一行禅师

照顾好这当下时刻

爱比克泰德（译者：孙玉静）

照顾好这当下时刻
全然地投入其中
回应好这个人，这个挑战，这件事
不要再逃避

停止给自己不必要的麻烦
此刻是真正生活的时刻
全然沉浸在你当下的生活

你并不是什么都不感兴趣的旁观者
发挥自己
当你的房门紧闭，室内黑暗
你并不孤独
大自然的本性就在你里面
因为你天生智慧的存在……

关于活着的艺术
原材料就是你的生活
没有一件伟大的珍品是突然诞生的
这一切需要时间
给予你自己最好的吧
并且一直心怀友善

第 2 章
正念觉察：找出苦因

刘晶是一个安静、温柔而美丽的女孩，在深圳某著名 IT 公司任职，疫情期间由于工作、环境等因素陷入了严重的抑郁困扰，伴有焦虑和失眠症状，工作和生活深受影响。进入课程前，她的贝克抑郁自评量表（BDI）评测值为 23，即重度抑郁；焦虑自测量表（SAS）评测值为 62.5，即中度焦虑；失眠严重指数（ISI）评测值为 15，即中度失眠。2022 年 12 月~2023 年 2 月，在我们正念训练营通过系统学习和练习，身心状况有了很大的转化。后测数据表明其贝克抑郁自评量表（BDI）评测值为 6，抑郁由重度转为轻度；焦虑自测量表（SAS）评测值为 33.75，焦虑由中度恢复正常；失眠严重指数（ISI）评测值为 8，失眠由中度转为轻度。看到这个女孩又开始充满热情地投入生活，听到她分享自己关于潜水、攀岩的梦想，我内心充满了喜悦与祝福！下面是她的分享。

2022 年我经历了人生中的至暗时刻。年初我满怀希望地换了工作，但是刚入职就遇到了裁员潮，一边担心自己被淘汰、找不到更好的工作，一边又觉得压力太大，不想上班。同时也受到外部环境的影响，比如多次封控、每日核酸、出行受阻、婚礼延期、旅行计划取消等，整个人就这样每天活在担心、焦虑、恐惧和烦恼之中。那段时间我每天只能睡 4 小时左右，早上四五点钟睡醒时，所有的焦虑不安会一股脑涌现出来。我每天都感觉很累、很懒，什么都不想干，对任何事情都没有兴趣。每天除了上班，就只能在床上躺着，累到起不了床，也不想做任何事情，不想和任何人交流。有那么一段时间会思考人为什么要活着，活着的意义在哪里……去医院检查，我确诊了抑郁症，但是吃药半个月，状态没有任何改善。因为环境和我的心态都没有改变，即使吃药后睡眠时间延长，情绪还是没有好转。

通过心理咨询，我大概了解了问题的原因。简单说，就是从童年开始，一直有些负面情绪不断地累积，比如家长对我要求很高，学习压力大等，这种紧张的情绪其实一直在身体里伴随着我成长，但是年轻的时候，身体的调节能力很强，可能睡一觉或者运动运动就可以排解这些负面情绪，恢复到正常状态。但是随着年龄增长，身体的调节能力下降，不再能很快释放这些情绪，就表现为躯体症状，比如失眠、头疼、颈椎病等。有些疾病看起来可能是身体的问题，但其实是情绪导致的。

咨询师推荐了正念练习。我其实之前也了解过一些正念方面的内容，在公司的正念俱乐部学习了一些理论知识，比如遇到问题时的做法：面对、接受、解决、放下等。然而懂得很多道理，依然过不好这一生。理论是理论，很难真正付诸实践。

我于是参加了冯老师的正念训练营。第一节体验的是周末晚间的正念共修，一共两个小时，三个正念练习，结束后大家一起讨论心得感受。那天我跟着老师的引导，关注呼吸，关注身体感受，第一次体会到了活在当下的感觉，好像明白了怎么样才算真正地接纳自己。三个练习结束后，我有种身心豁然开朗的感觉，突然变得轻松很多，这是我很长一段时间都没有感受过的轻松。

第二次课是参加周日下午的正念成长训练营。课程一共分三个部分：

团体疗愈——每个人分享近期生活学习的状态和感受，提出自己的困惑，老师会针对性地进行解答，同学们也会给出自己的意见。那段时间我封闭自己，几乎没什么社交，但在这里可以不修饰地表达自己真实的状态和情感，然后听到大家都有与自己一样的问题，发现不只有我一个人是这样的，我感觉并不孤单，有种抱团取暖、被治愈的感觉。

正见理论——这一部分包含一些心理学的理论知识，可能还涉及西方的研究以及佛法中的相关概念。帮助我们学习如何应对生活中遇到的问题，同时也让我们更深刻地认识自我和这个世界。可以说是一段重塑世界观的学习。

正念练习——当然还有必不可少的一部分就是进行正念实践。课程中老师带领大家一起进行正念练习，感受如何活在当下，接纳自己。这一部分也是最重要的部分，除了上课时间以外，需要每天进行练习，才可达到更好的效果。

后面坚持上完了一阶段的八期课程，结果证明这是一次成功的尝试。

在这个过程中，我能感受到自己一点一点变得轻松。有些客观事物还在那里，环境没有变，但是我看待事物的心态不一样了。困难依然是困难，但我不是过去的我了，问题来的时候，坦然面对、接受、解决、翻篇。也会有紧张焦虑等负面情绪，但是我会控制它在短时间内出现，然后转化、消失，它是它，我是我。

身边的人也发现了我的变化，说我比以前更快乐、更开朗了。同时我觉得工作效率都有所提高，因为更加专注当下，加班的时间减少，整个人的状态都好了起来。我变得更自由，有更多选择的权利，而不是被负面情绪所左右。

原来的我就好像一杯混浊的水，被不停地搅拌，不得安宁，也看不清世界。现在这杯水沉淀了，上面的水变得清澈，让我清晰地看到周围环境以及我自己。现在的我每天活在当下，同时对未来充满希望。

——刘晶，女，公司职员，33岁

刘晶觉察到自己情绪不断累积的过程，并通过正念打破了这个累积的循环。很多人以为对自己的所思、所感、所行都很清晰，很有选择权，其实多数时候不是这样。我们的意识只占很小的一部分，如同冰山水面以上的部分，而大部分是在水面以下的部分，是我们觉察不到的潜意识。觉察的任务就是将潜意识里的内容逐渐浮现到意识层面，我们下面就要通过一个重要的工具——认知行为模型（五蕴模型），来探讨这些潜意识里的内容。而**正念觉察就是帮助我们在工作和生活中，能够随时随地地在一些重要事情上保持当下的觉察，避免一些导致痛苦的负面模式。**

认知行为模型

你的潜意识正在操控你的人生，你却称其为命运；当潜意识被呈现时，命运就被改写了。

——卡尔·荣格

认知行为过程是随时随地发生在我们内在的心理过程，这个过程在任何一件事情上都会不断重复很多次，我们的很多痛苦也是在这个过程中被不断放大的，而且这往往是一个快速的自动化过程，所以认清这个过程对于我们转化痛苦至关重要，认知行为模型如图 2-1 所示。

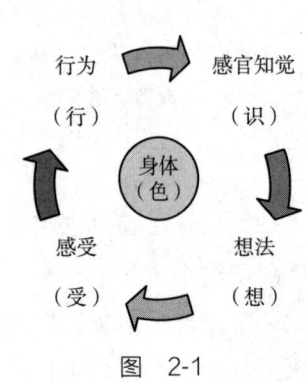

图 2-1

感官知觉

我们有五大感官，分别是眼睛、耳朵、鼻子、舌头、身体，通过这些感官，我们看到、听到、闻到、尝到、触到外在对象，进而产生感官知觉，这是我们通往外部世界的五个窗口，感官知觉是我们认识外部世界的起点。

我们看到是因为眼睛接收到光线，听到是因为耳朵接收到声波，闻到是因为鼻子接收到香味，尝到是因为舌头感受到味道，触到是因为身体的触觉感受器接触到刺激。外部世界的人、事、物是以光、声、味等物理或化学信号传入我们的身体，这些信号通过我们的大脑进行加工后，产生了感官知觉的原始图像，这些原始信息经过大脑的继续加工，才产生后面的想法、情绪、感受等。外部人事物输入的光、声、味等信号实际上是中性的，而所有的好坏、对错、美丑等评判是我们的大脑所赋予的。所以，感官知觉是大脑对外部信息的第一步加工。

想法

感官知觉的原始信息产生后，大脑开始新的认知过程，进而产生了一系列的想法。这通常由以下几个过程构成。

1. 识别

识别就是我们将接收的信息定义、命名的过程。例如，我们看到前面某物时，内在的一个想法是"这是一棵树"，这就是一个识别的过程。

想法所形成的概念帮助我们认识这个世界或更有效地与他人沟通，是一个很好的工具。但是很多人容易有一个误区，就是我的想法就是事实与真相，甚至由此引发自己的执着，带来很多情绪的困扰，乃至关系中的冲突。例如当两个人从不同角度看同一个数字6时，会引发不同的识别结果，一个人认为是6，另一个人认为是9，两人都坚持自己看到的是真相，进而引发了争执。也许有人会说，那如果其中一个人说"我看到了一个数字"，这应该是事实吧？但我们可以认真思考一下，数字其实也是我们经过后天学习获得的概念。那如果其中一个人说他看到了一个图形或者符号呢？同样，因为我们内在有对于图形或符号的预设，我们才能对号入座，赋予它这样一个概念。所以，所有识别所产生的概念及定义，只是当下的我们基于自己的背景及经验等信息，所安立的一个"假名"，这个过程也可以称为"假名安立"，这些概念只是真实的一个影像而已。很多人认为自己看到的就是事实，然而充其量是自己安立的"假名"与其他人给出的"假名"是一样的。例如中国人看到"6"会视作数字"6"，而美国人会视作"six"，其他国家的人则视为其他的名称。

由此我想到自己小时候发生过的一件事情，在这件事情中，不同的识别对象决定了我不同的情绪反应。

在我大概八九岁的时候，一次放学后，我玩到夜幕降临才回家。当经过一片树林时，突然看到树丛中有个白影飘动，由于光线模糊，我看不清楚是什么。当时，我心里既好奇又恐惧，想到几天前的晚上村里老人给我们这些孩子们讲的鬼故事，说这片树林"不干净"，我当时就想我是不是遇到鬼了，当下感到头皮发麻、腿脚发软。但强大的好奇心也起了作用，犹豫了一会儿，我还是胆战心惊地走到白影附近观察，结果发现只是树枝上一块飘动的白布而已，心里顿时放松了下来，心想明天有可以和同学吹牛的资本了。

2. 评判

评判就是给出一个好坏、对错等属性的评价判断过程。例如，我看到某物，内在的想法是"这是一棵树"（识别），然后认为"这是一棵高大的树"，这就是一个评判。

同样，在评判上，很多人也会陷入认为自己的评判就是事实或真相的误区中。而实际上，评判也是基于当下的外部条件或自己的背景及经验而产生的个人想法而已，可以说是我们"编的一个故事"。例如，当我们认定树叶是绿色的时候，我们没有意识到是因为太阳光是白色的，树叶才呈现出绿色，如果照射到树叶上的光线颜色改变了，我们看到的树叶颜色也会随之改变。

举一个不久前发生在我们正念课程中的案例：

我们的正念课程开始通常是一个正念静坐的练习，这次课程中有几个学员陆续迟到进来。课程分享环节中，学员正林表达了自己对此的愤怒。正林称自己在静坐中听到有人走进来，声音比较大，觉得这些迟到的学员非常不尊重自己，感到非常生气，甚至想冲上去揍某个学员一顿。我在回应中，首先表达了对正林能够真实表达情绪，并能控制自己行为的欣赏，然后邀请正林去思考是什么样的评判让自己如此生气，正林反思到是自己陷入了认定这些学员不尊重自己的想法中。然后，我邀请迟到的同学给出回应。有的称是自己因为加班才晚到，而且非常小心地走进来；有的称自己因为迟到也很歉疚，完全没有不尊重其他人的意图。通过这个练习，学员们发现自己的评判实际上只是自己加工创造出来的所谓"事实"。

3. 意图

意图是在识别和评判的基础上，想要进一步有的需求或期待，包括自己想做（要）的或期待对方去做的。例如，我看到某物，内在的想法是"这是一棵树"（识别），然后认为"这是一棵高大的树"（评判），接着"想到这棵树下去乘凉"，这就是意图。

在意图的部分，很多人也容易陷入自己的执着中，进而引发痛苦。尤其是在关系中，这种执着会表现为理所当然的态度，容易对关系产生破坏性的影响。下面是我的一个咨询案例：

小美来咨询的意图是改善夫妻关系。小美称丈夫对自己很冷漠，常常无视自己的需求，自己常常感到孤独和愤怒，不被理解和支持。在更多地了解小美的背景后，我发现她是一位独生女，从小被父母娇生惯养，在其记忆中父母基本都能无条件满足自己的需求。随着深入的探讨，小美发现自己"有一种需求理所当然该被满足"的想法。这种态度自然也带入到了夫妻关系中，她在恋爱的浪漫期的确享受到了这种满足，但是随着婚姻的延续，小美发现丈夫越来越逃避满足自己的各种需求，所以有了越来越多的挫败感。

感受

感受是我们身体里面各种感觉的统称。这些感觉既包括那些容易被我们觉察的粗重感觉，如酸、麻、胀、痛、痒、紧、湿、热等；也包括那些不容易被我们察觉的精微感觉，如轻微的跳动、刺痒、颤抖、酥麻等。我们的身体里每时每刻都充满着这些丰富的感受，而且各种感受在不停地变化，生起、增强、变弱、消失，这些感受的变化没有规律，永远处于无常的变化中。大部分时候我们没有觉察到这些感受，只有某些感受非常粗重，甚至变成疾病时，才逼迫我们觉察到它，面对它，重视它；或者我们有意识地安静下来，通过提升觉知力，也能慢慢觉知到更多的感受，甚至是一些非常精微的感受。感受就像是反映我们内在的温度计，反映了我们身体的各种状况。要想真正深入了解我们的身体，除了各种医疗指标外，感受是一个非常重要的通道。

情绪是对一组身体感受的命名，是表达感受的工具，当感受从内向外呈现时，就表现为情绪。情绪与感受实际上是一个硬币的两面，是一体的。感受是内在的，情绪则是外在呈现。感受是身体上的，是生理层面的；而情绪是心理层面的。实际上情绪是一个心理状态的标签，用这个特定的标签来标注一组身体感受，例如对某个人而言，愤怒这个情绪对应的可能是肌肉紧张、心跳加速、呼吸急促、胸口发热等一组感受。

情绪和感受真实反映了我们的心理和身体状况，这种反应比大脑的认知更为准确，如果你发现你的身体反应和大脑发生冲突时，可以更相信你的身体。举个例子，例如当你面对老板时，也许你表面上面带笑容，你的大脑告诉你这是老板，应该尊重他，但是你的身体可能很紧张，说明你内在实际上很排斥他。再举一个例子，有个人面对父母时，头脑告诉他，这是父母，他应该尊敬、孝顺，但是他的身体反应可能是想远离、不亲密，这说明这个人内在还有很多对于父母未清理的情绪积累。

行为

行为是指我们在意图和情绪的推动下所做出的反应，包括身体行为和语言。我们通过感官接收外部信息的被动输入，而通过行为输出自己的信息，所以行为是我们唯一的主动互动通道。主动的，不意味着我们的行为就是理性的、有选择的，我们很多的行为是自动化的负面行为，可能伤害自己或他人。我们虽然从理智上并不想这样做，但往往情绪的力量大于理智的力量，所以会产生这些负面行为。"修行"的重点就是修正我们的行为，因为我们所有的行为都会被记录在大脑的神经回路中，进而影响我们的感官知觉，所以看似行为是这个循环的终点，但又深入影响着这个循环的起点。

五蕴模型

佛法认为世间一切事物都是由五蕴和合而成，人也是由五蕴和合而成的。五蕴的"蕴"是"坎蕴"（巴利语：khandha）的简称，意思是积聚或者和合。五蕴分别是色蕴、受蕴、想蕴、行蕴、识蕴，除了第一个色蕴是属物质现象之外，其余四蕴都属精神现象。

就人而言，色蕴指我们的身体，包括眼、耳、鼻、舌、身，简称五根；受蕴指感受，分为身受和心受，身受由五根和五境（色、声、香、味、触）接触引起，有苦、乐、舍（不苦不乐）三种感受，心受有忧、喜两种，故受有苦、乐、忧、喜、舍五种感受，心受和我们现代意义上的情绪类似；想蕴指想法，包括识别、评判等认知功能；行蕴可指行为，包括身、口、意三个层面，这里的意指意图，现代心理学常常将其归入想法中，而佛法理论一般将其归入行蕴中；识蕴指认识外境，包括眼见色、耳听声、鼻闻香、舌尝味、身感触，对应认知行为模型中的感官知觉。

上述对五蕴的描述有简化的成分，这是为了和前面心理学意义上的认知行为模型有一定对应，以便于读者理解。实际上佛法意义上的五蕴内容更为复杂和丰富，有兴趣的读者可以查阅相关资料。

五蕴模型和认知行为模型整体上看是一致的，但也有一些细致的不同，这些不同里蕴含着佛法的智慧。

五蕴的循环中，识蕴产生受蕴，然后是想蕴和行蕴，而认知行为模型里，感官知觉后是想法，然后是感受和行为。这种不同产生的原因是佛法里认为"触缘受"（接触产生感受），五根与五境接触产生感受，这种感受实际上是身受，这部分感受从生理上说是反射型感受，是由我们的爬行动物脑（脑干）决定的，而由想法进一步产生的感受属于认知型感受，是由大脑皮层决定的。爬行动物脑的优先级及反应速度要远高于大脑皮层，所以五蕴循环中的感受要先于认知行为模型中的感受出现。身受产生后，由于人趋乐避苦的习性，会继续通过想蕴来试图延长乐受，或者逃避苦受，这样想蕴在身受的基础上不断产生情绪。同时受蕴和想蕴又推动产生行蕴，行蕴继续趋乐避苦的行为，而所有的行为被大脑的神经回路所记录，导致了下一次识蕴的产生，这就是所谓"行缘识"（行为产生心识）的过程。所以很多的佛法经典记载的五蕴循环的顺序是"受想行识"，就是上述原因。

五蕴模型与认知行为模型里另一个不同是把想法中的意图归属到行蕴里，仔细思考一下也很有深意。因为意图是行为的起点和方向，想要掌控行为的善恶，仅从语言和身体行为本身去掌控是不够的，这就如同想要改变一辆高速行驶汽车的方向是很困难的，强行改变甚至可能导致车毁人亡，然而从车辆刚刚开始加速时就调整方向，会容易和安全很多。所以佛法里强调行为的转化要从"起心动念"开始，是非常有道理的。这样把意图归属到行蕴里，是为了强调行为的转化要包含身、口、意三个层面。

五蕴模型里蕴含着深刻的智慧，而且这是来自两千五百多年前的佛法，那时候远没有现代的心理科学，这不得不让人惊叹。本书的内容为了让大众易懂，后面是以容易理解的认知行为模型为基础来展开的，同时也结合佛法的智慧。本书的定位是正念心理学，很多人常常问及正念和心理学的关系，我常用这个比喻来回答：**心理学如同建筑物地面以上的部分，而正念则如同地基。**

正念觉察

正念关乎此时此地的生命本身,你要通过觉知来拥抱生命本来的样子。

——乔恩·卡巴金

掌握上述循环中的四个步骤是很容易的,最困难的是在实际中的应用,尤其是在一些有挑战的事情发生时,**通过正念唤醒觉察的力量,清晰地知道每一步是如何发生的,才能做出必要的转化和选择。**

在感官知觉环节,正念帮助我们在这个循环的起点上就保持清醒的觉察,知道痛苦就起源于此,同样灭苦也可以由此开始。一方面我们不再认定我们看到或听到的就是事实,而只是我们加工过的图像,进而从执着中解脱出来;另一方面我们在感官知觉对象上可以有所选择,对于那些容易诱发之后负面思维、负面情绪及负面行为的对象,我们可以有意识地加以屏蔽和过滤,诸如那些容易引发我们上瘾的物品、声音、食物等,这是我们感官知觉"断舍离"的功课。

在想法环节,通过正念,我们可以觉察此刻有哪些负面的评判、信念或价值观正在我们底层运作,让这些在我们潜意识里运作的负面思维模式得以浮现,被我们清晰地觉察到。我们将会看到，这些固化的负面思维模式只是一种可能性而已，我们可以尝试进行一念之转，来突破自己对这些思维模式的执着，把自己解放出来。当我们陷入过度思虑时，我们还可以借助正念呼吸等练习，让这个强大的思维瀑流逐渐慢下来，甚至有一些停顿的时刻，逐步恢复对自己思维的掌控力。通过正念，我们清晰地知道我们所有的想法只是当下的概念，并非事实，这样我们通过正念所提升的觉知力，就可以帮我们不断地观察所有这些想法，与这些想法渐渐拉开距离，让我们从想法的瀑流中跳出来，让这些想法对我们的影响越来越小，然后我们就获取到了新的自由。

在感受和情绪环节，正念可以帮助我们看清情绪的无常性，学习更好地与各种情绪相处。正念所培育的智慧有平衡、平等、中道之意，具体运用到感受和情绪上，可以帮助我们在正面情绪生起时不执着和抓取，在负面情绪到来时不排斥和抗拒，这种不拒不迎的态度可以转化我们趋乐避苦的深层习性，有助于让情绪能量更自然地流动与释放，而不是卡在我们的身体里，不断地累积并最终形成问题。当我们留意到有情绪生起的时候，我们可以聚焦于身体本身，留意当下身体里的各种感受，如正念的身体扫描练习就是在做这样的工作，这样我们在当下就创造了一个正念的空间，观察各种感受的生起、变化和消失的过程，而不是陷入一个通过思维不断放大、通过行为不断逃避和转移的负面循环过程。通过正念，我们就有能力从情绪的强大瀑流中抽身出来，获取一种新的自由。

在行为环节，正念可以帮助我们在快速的自动化习性里慢下来，觉察当下内在的想法和情绪。行为的主要驱动力就是想法和情绪，当我们能够清晰地觉察到这些内在动力，并有所掌控和选择时，我们就可以转化强大的行为惯性。当一些新的行为开始出现时，旧有行为模式所对应的强大神经回路就会开始逐步弱化，这样我们就开始在行为上有了新的自由。然而，这个过程并不容易，需要我们持续的正念练习，不断提升自己的心力，这包括专注力、自制力及行动力等。这些力量足够后，我们才能够选择新的行为，而行为是我们心理过程的重要落脚点，因为每一个行为都会影响我们的未来。

痛苦出现时，我们很容易陷入习性的陷阱，而觉察是转化的开始，让我们开始看清这些习性的模式。随着我们持续的觉察，觉知的能力越来越强大，我们就可以从这些习性模式中抽离出来，从一个新的维度观察自己。如果我们可以持续处于这样清晰的觉知中，我们就会觉醒，从混沌和无明中醒来，从烦恼和痛苦中出离。所以觉察、觉知和觉醒是我们成长过程的不同阶段，觉察是开始，觉知是中间过程，而觉醒是最终目标。

要唤醒觉察的力量，日常持续的正念练习不可缺少，下面的正念呼吸练习就是一个基础而重要的练习。呼吸在日常就是一个自动化的潜意识行为，当我们通过持续观察呼吸，培育出越来越强的正念力量时，就能够尽快从痛苦的循环中跳出来。

正念呼吸练习

注：正念呼吸练习音频

请找个安静的地方坐下来。挺直你的脊柱，但身体保持放松，双手自然放置在身体前面或膝盖上，然后请闭上眼睛，开始这个练习。

现在我邀请你把注意力放在自己的呼吸上，清晰地留意每一次吸气与呼气，吸气的时候知道"我"在吸气，呼气的时候知道"我"在呼气。请保持自然、放松的呼吸，即你不需要刻意地加深或放慢呼吸，这一刻的呼吸是长，"我"知道呼吸长，这一刻的呼吸是短，"我"知道呼吸短。持续地保持对每一次呼吸了了分明的觉察。

专注呼吸最大的挑战来自不断生起的念头，可能专注呼吸没多久，就会有念头不断进来把我们带走，甚至有时会把我们带走很久，这很正常，也很自然，尤其是对于初学者，我们不需要有任何的自责与遗憾。无论何时，只要我们留意到有念头生起，我们需要做的很简单，就是再次回到对呼吸的专注上，继续清晰地观察每一次吸气与呼气。

请在鼻孔出口的位置，持续地观察每一次气流的进出。我们的专注力就像一个警觉的卫兵，观察着每一次呼吸。但同时这又是一种放松的警觉，请试着在警觉与放松之间找到一个平衡，正念是一门平衡的艺术。

持续保持对每一次呼吸的专注，当然影响我们专注呼吸的因素除了不断生起的念头外，还有身体里面不断会有一些不舒服的感受生起，随着练习时间的延长，各种酸、麻、胀、痛都会冒出来影响我们专注。当这些不舒服的感受出现时，我们可以尝试与其共处，继续温和地专注于呼吸本身。如果一些很不舒服的感受已经开始影响我们对呼吸的专注，我们可以适当调整一下坐姿，或者放开腿休息一会儿，然后继续练习。

持续地专注于呼吸，就好像呼吸是这一刻我们关注的全部焦点，即使有不断生起的念头或各种感受，也试着让这些念头和感受成为背景。

好,各位朋友,这就是我们的正念呼吸练习,希望你能够坚持下来。对于正念,我们经常说的就是"越坚持越受益"。我们的练习到此结束,请大家慢慢睁开眼睛,放松一下你的身体和双腿。

> 足够了,只言片语就已足够
> 假如语言不够,那就是此刻的呼吸
> 假如呼吸不够,那就是眼下的静坐
>
> 以这种方式开启生命
> 我们曾拒绝了
> 一遍又一遍
> 直至当下
>
> 直至当下
>
> ——大卫·怀特

雨停了，云散了
天又晴了
你的心若纯净，世界的一切也都
纯净……
然后月亮和花朵将指引你
前行

——日本禅宗诗人良宽

第3章 正念感知：如实观察

李莹刚开始来上课时是一个有些内向的小姑娘，有些抑郁，姐姐很关爱她，就为她报名了课程，下面分享的是她上了几节课后的感受。后来我看到她的朋友圈，发现她已经蜕变为一个自信、大气、健美、充满阳光的姑娘，成了一名健身博主。

上周一个下午去菜店买菜时，夕阳的光洒在那些蔬菜上面，当时我就在想：生活这么美好，我为什么要把自己封闭起来，比如待在家里不出来，浪费一天。那一刻，太治愈了，我把那个阳光拍了下来。

我当时就觉得自己的抑郁不是事实，只是一种倾向，我完全可以改变。比如说，当我把菜拎回家开始清洗的时候，发现那些菜五颜六色，青椒、西红柿摆在篮子里，当时我想：生活真美好，不需要封闭自己，现在物资这么丰富，没有战乱，也没有饥饿，我们花很少的钱就能获得这些东西。

第二天，我把这些码得整整齐齐的菜放入锅里炒时，发现自己没那么恐惧上班了。我可以带过去这么多好吃的菜，上午把该做的工作做完，中午可以很享受这一餐饭。下班以后，我感觉自己对情绪完全可以有掌控权，不是像以前那样让自己缩在家里，想一些负面、糟糕、觉得自己不好的事情，还会想"唉，我怎么这么抑郁"。

其实我现在发现，那可能不叫抑郁，是自己故意把自己封闭在里面。当你自己走出去时，外面没有人攻击你，没有人在意你什么发型、什么形象，就完全是自己一个人想象出来的。

——李莹，女，公司职员，24岁

如同李莹一样,当我们能够活在当下,如实看到此刻的美好,而不是陷入负面想法的牢笼时,我们就容易从负面情绪的旋涡中走出来,这就是正念感知的智慧。从本章开始,我们将深入到认知行为模型的每个环节中,具体探讨感官知觉(简称感知)、想法、情绪及感受、行为、身体,以及在每个环节中可以通过正念和正见来转化的挑战。

我们如何感知这个世界

眼见为实?

来自日本立命馆大学的心理学教授北冈明佳(Akiyoshi Kitaoka)曾经制作过一张非常有趣的图片:一盘草莓。当我在正念课堂上展示出这张图片,并询问大家看到的是什么颜色的草莓时,得到的答案绝大多数都是"红色的草莓"。而实际上这张图片中的草莓是没有颜色的,如果我们将其中所谓最"红"的地方不断地放大,会发现并没有红色。但是由于我们以往看到的草莓都是红色的,所以我们在这张图片中也认为自己看到了红色的草莓。实际上这是我们"脑补"的结果,眼睛欺骗了我们!

我们从科学的角度来了解一下眼睛成像的过程,就能够更清晰地知道我们为什么会犯以上的错误了。

我们的眼睛能看到物体，是一个复杂的物理、生化过程，需要经过一系列光、电信号传递过程。我们简化描述如下：在看到物体时，由所看物体反射的光线透过眼球的折射，在视网膜上形成光刺激，光刺激经过一系列的生化变化，将光信号转化为电信号，电信号由视神经传到大脑皮层的视觉中枢，由视觉中枢里的神经回路形成图像，此时我们就可以"看见"物体。

在这个过程中，光信号和电信号对我们来说是不可见的，他们只是中间信号。被观察物体经过一系列转化，让我们形成图像。实际上，我们永远不可能真正看到被观察物体，我们看到的只是我们大脑特定神经回路形成的图像。被观察物体只是一个刺激源，激活了我们大脑里的特定神经回路。那么这些关于被观察物体的特定神经回路从哪里来呢？这些神经回路是过往我们每次看到类似物体时，大脑受到不断刺激而逐步形成的。

由此，我们得到的一个重要结论是：**我们无法真正看到物体，我们看到的只是自己大脑所产生的图像。**

我们感知的世界是大脑产生的图像

眼睛是我们五个感官中的一个，另外的感官还有耳、鼻、舌、身，这四个感官认知世界的方式和眼睛成像的过程是类似的,所以刚才眼睛成像的结论对于其他感官也是成立的。

我们无法真正感知到世界,我们感知的只是自己大脑产生的图像。

当然,除了五个感官知觉以外,我们还有另外一个重要工具就是思维(意)。五个感官发生作用都和思维有密切关系,思维本身也能够独立发生作用。当然,思维都是我们每个人"编的故事",对于同样的信息,我们每个人的解读可能非常不同,这些不同是因为我们具有不同的背景。

所以,世界对于我们来说,就是"眼耳鼻舌身意"六幅拼图组合而成的图像(如图3-1所示),从感官知觉的层面,我们永远也无法认识真正的世界,而这六幅拼图又来自我们的大脑结构的投射。克里斯·弗里思(Chris Frith)在其《心智的构建大脑如何创造我们的精神世界》(*Making up the Mind: How the Brain Creates Our Mental World*)一书中这样表述:"我感知的不是世界本身,而是我脑中的世界模型。"而我们的大脑结构又是由我们的基因、生活经历等不断构建而成的。

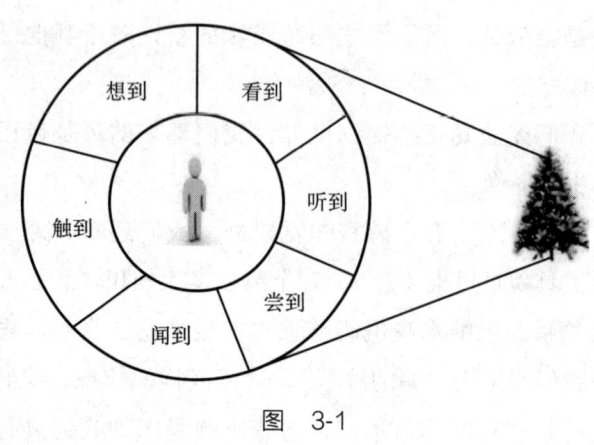

图 3-1

戴着有色眼镜看世界

既然我们感知的世界和他人,都是我们大脑形成的图像,而我们的大脑又是由自己的过去塑造的,所以**我们都是戴着一副有色眼镜来观察这个世界和他人的**。但是很多人并没有意识到这一点,而是执着于自己眼里的世界和他人就是客观的、真实的,进而产生很多的执着,制造了很多的痛苦。

心理学上有一个著名的"伤痕实验",也可以说明我们是如何戴着有色眼镜来看世界和他人的。

心理学家向招募的志愿者宣称:该实验旨在观察人们对身体有缺陷的陌生人做何反应,尤其是面部有伤痕的人。每位志愿者都被安排在没有镜子的小房间里，由专业化妆师在其左脸画出一道血肉模糊、触目惊心的伤痕。志愿者被允许用一面小镜子看看化妆的效果后，镜子就被拿走了。

关键的是最后一步，化妆师表示需要在伤痕表面再涂一层粉末，以防止它被不小心擦掉。实际上，化妆师用纸巾偷偷抹掉了刚画好的伤痕。

对此毫不知情的志愿者被派往各医院的候诊室，他们的任务就是观察人们对其面部伤痕的反应。

规定的时间到了，返回的志愿者竟无一例外地叙述了相同的感受：人们对他们比以往更粗鲁无理、不友好，而且总是盯着他们的脸看！可实际上，他们的脸与往常并没有不同。

志愿者之所以得出这样的结论，是因为原有的自我认知让他们戴上了一副有色眼镜，他们通过这副眼镜看到了一个自己虚构出来的世界。

过去影响我们的感知

我们戴的这副有色眼镜是由过去的经历造成的，尤其是一些创伤经历，很容易把我们拉回到过去，让我们很难活在当下。

心理学上的创伤后应激障碍（post-traumatic stress disorder，PTSD）就是戴着过去制造的有色眼镜所产生的结果。心理学对其的定义为突发性、威胁性或灾难性生活事件导致的个体延迟出现和长期持续存在的精神障碍。对大多数人来说，他们的重大创伤可能并没有涉及死亡，但创伤记忆仍很普遍。

人生就像一条长河，我们沿着时间的流水顺流而下。在我们人生的每个阶段，都经常会有一些重大的事件发生，如小时候被寄养在其他人家里、父母的不断争吵、遭遇责骂或殴打等，这些事件在当时给我们带来了很大的创伤，包括精神上和身体上的。这些事件对我们以后的生活也产生了很大的影响，包括我们看待世界或他人的方式、认知模式、情绪以及行为模式等，我们把关于这些事件的记忆统称为创伤记忆。这些事件就像我们生命长河里的一个个码头，我们虽然继续前行，但是和这些码头之间好像有一条无形而有力的绳索，使得我们经常被带回到过去熟悉的场景里，使得我们再次陷入恐惧、紧张或者痛苦的感受里，所以也有人把创伤记忆称为生命码头。下面是我咨询中一个关于创伤记忆的案例：

> 志浩在咨询中称自己与领导的关系很差，认为领导很不喜欢自己，但奇怪的是自己考评的结果都还不错。于是我们探讨了他与领导的互动方式，志浩称领导有时会在指出自己工作中的错误时说"你这样做是不对的"，当他听到类似的话时感觉很糟糕，内心的声音是自己什么都做不好，甚至常常很愤怒。
> 我们继续探讨志浩早期的经历，他分享称自己的父亲常常容易否定自己，当有些事情做得不合父亲的心意时，父亲

容易发火并责骂自己"蠢死了""蠢得像头猪""你什么事都做不好"等，自己内心常常充斥着愤怒和委屈。当我们把这些事情联系起来的时候，志浩逐渐意识到了自己面对领导评价时的内在声音和情绪与儿时是非常类似的。

我给志浩介绍了创伤记忆的影响，他认为自己可能就是受到了过去经历的影响，对领导的反馈产生了误读。最后我鼓励志浩尝试与领导做一些深入的沟通，看看领导对自己的综合印象怎么样。后来，在他又一次做其他方面的咨询时，我询问他与领导的沟通情况。志浩称领导对自己的评价很不错，自己再次听到领导指正自己时，不断提醒自己觉察呼吸，回到当下，就事论事，如果有内在自我否定的声音和愤怒情绪生起，正念觉察这是过往的创伤记忆，这样自己受到的影响就越来越小。

这些创伤记忆如何影响我们的感知呢？

当我们经历创伤事件时，我们的情绪往往处于极端状态，如高涨的愤怒、恐惧、紧张、压力等，使得身体释放过量的应激激素，这会导致大脑中海马体的记忆整合作用被破坏。与此并行的一个过程是，大脑里的杏仁核释放化学物质，使得潜意识记忆里的各种碎片得以强化，这些碎片包括创伤事件发生的场景，如我们看到、听到、闻到、尝到、触到的各种感官信息，以及感受、情绪、行为反应等。这些创伤记忆的碎片呈散乱状态，这些碎片中任何一部分在以后的生活中重现时，我们都容易被拉回创伤事件发生时我们的感受里,而且非常形象生动,就好像创伤事件刚刚发生一样,我们也会本能地做出自动化的行为反应,要么指责攻击,要么退缩逃避,这种现象也叫"记忆闪回"。这些未整合的创伤记忆极大地操纵了我们当下的习惯反应、应对模式等,而且我们对此没有时间上的区分,不认为这些碎片是发生在过去的,因为这些反应方式在我们大脑里已经形成了强大的神经回路,惯性的力量如此强大,让我们一次次陷进去而不自知。

正念感知,放下过去

> 风来疏竹,风过而竹不留声;雁渡寒潭,雁去而潭不留影。故君子事来而心始现,事去而心随空。
>
> ——《菜根谭》

过去的经历常常有力而又无形地操控着我们的生活,就像一个隐形的牢笼限制了我们,决定了我们无法真实感知当下的世界或他人,还影响着我们的情绪反应、行为模式、人际关系或身体状况等。如果我们对此没有觉察,就永远无法转化这些强大的模式。要转化这些过去的影响,需要我们在认知、情绪、行为等方面做出一系列的觉察与转化，这些方面的方法我们会在后面的章节持续探讨，而在感官知觉方面，我们需要做的是正念感知。正念感知是让我们聚焦于当下看到、听到、闻到、尝到、触到的信息，尤其是留意到我们可能被过去或未来带走时，能够继续活在当下。举一个我自己的例子来说明什么是正念感知。

我家离办公室不远，我常常骑车上班。以前上班的路上，我常常陷入对工作的思考中，就多了一些焦虑和纠结。但最近我越来越多地聚焦于当下，我逐渐发现上班路上的美好。这是一条城市绿道，我能看到早上锻炼的人们，路边颜色鲜艳的花朵，大片的草地；风吹过树枝间，我能听到多种鸟鸣，甚至树叶落地的声音；我能闻到花香，或者雨后青草的味道；感受到有时阳光洒在脸上，有时雨滴落在肩头，或风吹过自己的身体……当我全然在当下的时候，发现世界如此美好！

另一个学员在课后分享中写道：

早上，我照常去找朋友一起践行正念，以往我都是走地下车库，今日改变路线，慢慢行走在小区绿化带。微风轻起，一阵草木香扑鼻而来，我停下慢慢寻找，发现小区中各种植物正在更新中，原本光秃秃的鸡蛋花树已长出绿叶，有一枝鸡蛋花正含苞欲放，绽放着生命力。我感觉一切很美好，带着愉悦的心情去找朋友。

当一些外部对象或他人很容易让我们陷入负面思维、情绪或行为时，我们还可以有意识地选择远离这些对象，这也是正念感知的内容，也就是所谓的"感官知觉断舍离"。在我们的正念课堂学员提交的作业里，有很多这样断舍离的内容，如有意识地减少每天使用手机的时间，删除一些无意义的应用软件，减少抽烟、喝酒或吃零食的频率，减少观看无意义的电视节目或书籍的时间，暂时性地远离自己还无法好好相处的人或环境等。

其实感官感知世界的时候本身就是在当下的，有人称之为"现量"，即感官对事物属性的直接反映，尚未达到思维的分别活动（未形成概念）。我们之所以很容易从当下的感知跳到过去或未来，是因为这里面有我们强大的习性，或者已经在大脑里形成了强大的神经回路。正念感知就是训练我们尽可能停留在感知本身，不被其他的事情带走，不跳到过去或未来。一个禅宗小故事，言简意赅地说明了什么是正念感知。

小和尚在寺庙修行很长时间，仍不得要领，问老和尚："师父啊，怎么修行才最好？"

老和尚回答："吃饭的时候吃饭，睡觉的时候睡觉，打坐的时候打坐。"

小和尚就觉得很奇怪："我不正是这样吗？"

老和尚回答："你吃饭的时候在想睡觉，睡觉的时候在想打坐,打坐的时候在想吃饭,此不同也。"

正念感知可以让我们如实看清这个世界的人、事、物。如图 3-2 所示,外部的一切都是通过色、声、香、味、触,以光线、声音、香味、味道和压力等信息传入我们的大脑的,这些信息本质上是中性的,没有任何的好坏、对错、黑白等属性,而所有这些属性都是我们的大脑所赋予的。也就是说外在所有的人、事、物在本质上是中性的,而且在不断地无常变化,也可以说是空性的,这就是正念感知的结论。当我们能够深刻体会到这一点时,我们其实拥有了更大的自由和更多的选择。我们就能清楚地区分心和外境,心是心,外境是外境,当**心没有力量时,心随境转**,而我们拥有正念的力量后,**就能做到境随心转**,正所谓"境由心生"。

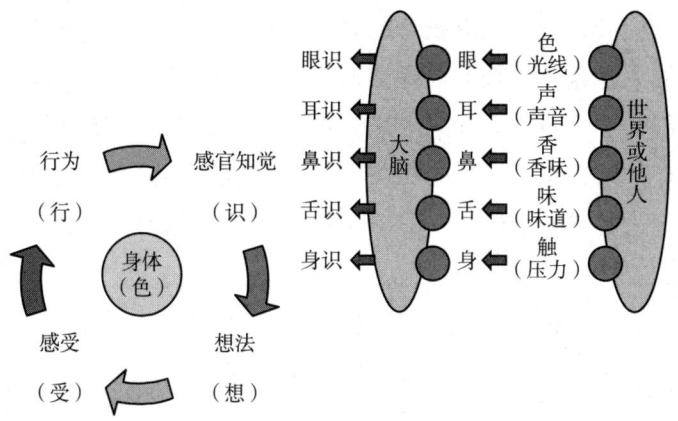

图 3-2

创伤事件发生时，当时的感官知觉、想法及感受等就是发生的那个当下我们所赋予该事件的意义。这些想法和感受在创伤事件发生之后被我们无意识地重复并强化。这个创伤事件逐渐进入我们的潜意识，越来越多地操控我们的生活，让我们一直活在过去。一旦遇到类似的人、事、物，就很容易让我们陷入类似的负面思维和情绪中。所以真正造成长期创伤的，事件本身往往只是一小部分，我们的执着才是更重要的，执着越强，创伤的影响就越深。而认识到创伤的意义都是我们赋予的，有助于减轻我们的执着。正念感知可以帮我们看清这些对过去思维方式和情绪的执着，如实看清当下的事件，不再陷入过去的创伤反应。任何事件的意义都是我们可以在当下创造的，在每个当下去选择想法、情绪和反应。我们会发现，**依靠正念的力量，我们完全可以书写自己的人生剧本，我们既是演员，又是导演和编剧**。可以仔细体会一下一个作家的这句话："想要拥有一个美好的童年，永远都不晚"。当我们全然接纳当下的自己时，所有的过去就被疗愈了。分享一首我的有关创伤疗愈的诗：

所有的记忆

都是思维构建的迷宫

虚幻而又强大

把我们禁锢其中

我们要么选择几条熟悉的路径生活

从而失去其他的可能

要么迷失在过去的幻象里

追逐不再存在的真实

唯有当下的觉知之光

才能让禁锢我们的迷宫消失

我们发现自己就站在无垠的旷野上

四面八方有无限的可能

深深地呼吸

在不安中前行

路就在迈步的当下在脚下出现

于是新的人生开始了

正念感知练习

注：正念感知练习音频

请找个安静的地方坐下来。挺直你的脊柱，但身体保持放松，双手自然放置在身体前面或膝盖上，然后开始这个练习。

首先我邀请你去留意此刻你能看到的任何东西。也许现在你看到了墙壁、地毯、灯，缓慢而清晰地告诉自己"我看到了墙壁，我看到了地毯，我看到了灯"。只是停留在看到物体的本身，不去做任何的联想或评判。然后，将头和眼睛从左到右、从上到下缓慢地移动，一个一个地去留意目光所及的物体，甚至你不需要给出这个物体的名称，只是停留在物体本身，清晰地觉察，"我"看到了什么……什么……持续几分钟做这样的观察。

现在我邀请你慢慢地闭上眼睛，去留意你能够听到的任何声音。也许你听到了空调的风声、电器的嗡嗡声，缓慢而清晰地告诉自己"我听到了空调的风声，我听到了电器的嗡嗡声"。只是停留在听到声音的本身，不去做任何的联想或评判。然后继续留意你能够听到的任何其他声音，也许有些声音是连续的，有些声音是偶尔出现的，聚焦于此时出现的任何声音，甚至你不需要给出这个声音的名称，只是停留在声音本身，清晰地觉察，"我"听到了什么……什么……持续几分钟做这样的聆听。

现在我邀请你去留意你身体的触觉，你可以从下到上慢慢去感知。留意你的脚与坐垫或地面之间的接触感，甚至左右两侧不同的感觉。留意你的臀部和坐垫或椅子之间的接触感、压迫感。留意你的双手之间,或双手与其他身体部位之间的接触感。留意气流通过你鼻孔时候的感觉。留意你双唇之间的接触感,或者舌头与牙齿之间的接触感。留意裸露的皮肤和空气的接触感。持续几分钟观察这些身体上的触觉……任由这些正在发生的身体感觉把我们带到这个当下。

好,现在我们准备结束这个练习,大家可以慢慢睁开眼睛,放松一下我们的身体或双腿。

冥想的寂静里

窗外的雨声响起

我听到了岁月流逝的声音

那些河流、山川、树木与街道

以及萦绕这一切的心灵歌声

我伸出手

我触摸到了

那因时光流逝而带来的沉默

在对与错的观念之外
还有一个所在
我会在那里与你相遇
当灵魂在那里的草地躺下
世界就满得都没法谈论
观念、语言
甚至彼此这个词
都没有任何意义

——鲁米

第 4 章 正念认知：减少内耗

韩晨星是一个温暖而内心丰富的大三男孩，入营学习前中度抑郁，并伴随有酒精成瘾的症状。2021年9月~12月，他完成了正念训练营的课程，贝克抑郁自评量表的评测值从入营前的16（中度抑郁）下降至5，基本恢复正常。之后他经历了停药、戒掉酒瘾等困难的过程，并开始投入面试及兼职，最终进入了一家很好的公司。后来他还向我咨询如何取得心理咨询师资质，希望能够自助助人，如同他说的："我也曾被雨淋湿过，所以想为别人撑把伞"。他的经历及转化让我很感动，在课程中我曾经这样回应过他："我常会试着将自己置身于你们发生的情境中，去感受你们可能有的感受，虽然我不确定能否感受到你们的痛苦，但是我知道你们真的很不容易。我知道过程中有很多困难和挑战，但是看到你们在面对这些困难和挑战时越来越强的力量，我很开心。包括你之前分享的慢慢用正念练习代替酒精依赖，逐渐开始停药，然后穿越招聘中的挑战，我看到你的力量慢慢在增强，这股力量能帮助你克服未来的困难。"下面是他的分享。

当我看到学校有正念课程的时候，饱受多年抑郁症折磨的我觉得好像看到了曙光，现在我认为当时的选择是正确的。通过这次课程的学习，我看到了自己常常陷入一些固化的想法，导致不断地陷入抑郁情绪，同时我摸索出了一个和情绪相处的方法。就如冯老师所说的，学会去接受这种负面的情绪，然后学会去接纳自己。当情绪产生的时候，可以选择去做一些事，也可以一整天都躺在床上，什么都不干，允许自己一直处于这种状态，完全放松自己，就好像掉进一个无尽的深渊，然后一直往下坠，当你坠到底部的时候，就会慢慢反弹。这门课让我学会审视自己，觉察自己的情绪，并处理这些情绪。其实我每周都很期待星期三的到来，因为我把星期三定为放松日，每次上完课的时候我都会觉得轻松。课程有一个天气报告的环节，允许我们自己说说最近的经历、情绪，可以是好的或坏的事。我分享完之后，内心有如释重负的感觉，很轻松。

每当我心情不好的时候，我就喜欢喝酒，并深陷自己不好的想法里，但之后我尝试用正念的方法替代这个习惯。有次回到宿舍，情绪突然产生，我感到很不舒服，按照往常的情况我就会去喝酒，但是这次没有，我一个人静静坐在那里，开始冥想，尝试静下心来感受当下的状况，思考这些情绪从哪里来，慢慢去摸索。那天我练习得很晚，突然感觉"豁然开朗"起来，好像突然找到打开这道门的钥匙，找到了我有这样情绪的原因，然后知道怎样去面对和解决它。这是最近练习正念带给我的好处。

两个月的正念训练营，我收获很多，也成长了很多。

每个人有每个人的故事，或喜或悲，或善或恶。无论怎样，正因为经历过，所以才会变得强大——"我也曾被雨淋湿过，所以想为别人撑把伞"。人这一生要经历许多，照顾好自己的情绪最为重要，情绪不会消失，只会积压，自我压抑久了总会有爆发的一天。正念能有效地帮助我们慢下来，察觉自身的情绪，缓解压力。

或许无人会为我们喝彩，但我们可以自己为自己鼓掌，爱莫太满，7分留己，3分留人。如果前路阴暗，那我愿成为光，点亮自己，照亮他人。最后衷心感谢老师们和助教，愿此去前程似锦，再相逢依旧如故。

——韩晨星，男，大三学生，20岁

认知行为模型中的认知为各种想法，是大脑进行分析、综合、比较、抽象、概括、判断和推理的结论。认知是我们人类强大的学习工具，正是通过不断的认知更新与升级，人类取得了一个又一个巨大的进步。然而，我们也需要看到，人类聪明的大脑就像一把双刃剑，既制造了文明与进步，也产生了越来越多的痛苦，这些痛苦来自我们对很多认知的执着，陷入了不断内耗的循环。上述案例中，晨星就是发现自己常常陷入一些固化的想法，进而陷入抑郁的情绪中而无法自拔。

我们执着的这些认知往往很隐蔽，且有非常强大的力量，让我们深陷其中。想要转化这些认知，仅靠心理学的理论远远不够，所谓知易行难。正念认知帮我们识别这些想法，可以尝试将负面思维转化为正面思维，如果转念有困难，还可以凭借正念所培育的觉知力，帮我们从这些想法中抽离出来，让其对我们的负面影响越来越小。

情绪ABC理论

我一直在抱怨没有一双好鞋,直到有一天我看到一个人没有脚。

——乔治·戈登·拜伦

我们有一个强大的认知习惯,就是认为我们的情绪都是外部因素引起的,真的是这样吗?在正念课程中,我常常会问大家一个问题:"你们的负面情绪从哪里来?"大家就会七嘴八舌地给出各种反馈:"我的压力都是工作引起的""我的焦虑都是孩子的成绩带来的""我的愤怒都是因为老公""最近很是担心父母的身体",等等。比如我们在冲突中会常常指责对方:"你这样做让我很生气""你这样说让我很伤心",等等。每当这个时候,我会提醒大家,**当我们伸出食指指向别人,把自己的情绪归因于他人的时候,不要忘了另外至少三个手指是指向自己的**,这是一个有趣的隐喻。请大家仔细反思一下对于我们的情绪,我们自己的责任是什么。

表面上看,是外部因素给我们带来了负面情绪,这是一个很大的误解,实际上并非如此。美国心理学家阿尔伯特·埃利斯有一个简单而著名的情绪 ABC 理论:A——activating events,表示诱发事件;B——beliefs,

表示个体针对此诱发性事件产生的一些信念,即对这件事的一些看法、解释和评价;C——consequences,表示情绪或行为结果(如图 4-1 所示)。我们通常会认为 A 直接产生了 C,而特别容易忽略最为重要的 B。比如我们习惯说"你这样做让我很有压力",实际上,可能是因为我认为你这样做会延缓我们工作的进程,我才很有压力。就如希腊哲学家爱比克泰德所说:"真正困扰我们的并非发生在我们身上的事情,而是我们对这些事情的看法。"

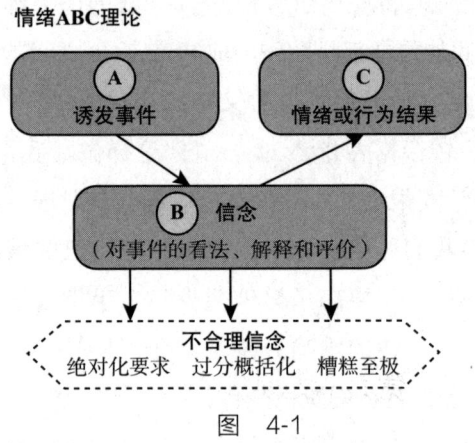

图 4-1

在课程中,我们常常让某个同学分享一件最近生活中困扰自己的情绪事件,然后看看自己在这个事件中的看法是什么,之后借助团体的力量,让大家分享一下各自的看法，这样能帮助当事人看到自己的执着以及其他的可能看法。

学员亚美称自己最近很焦虑，因为孩子的成绩在班上只是处于中间的位置。我问她对于孩子的成绩状况，是什么看法导致她如此焦虑。她思考了一下说："我觉得他这样的成绩在中考时进不了好高中，那他未来就进不了好大学，他就找不到好工作，进而人生可能一团糟。"我继续问其他同学："如果你们孩子的成绩也处于同样的位置，你们的情绪会怎样？"有学员回应自己也会很焦虑，因为会有类似的担心；有学员回应自己不担心，因为他认为孩子的未来和现在的成绩没有必然联系；有学员称自己在中学时成绩也很一般，但高中时发力就考上了好大学，所以自己的孩子遇到这种状况，自己会比较放松；还有学员称自己会感到很开心，因为她觉得成绩处于中间的孩子心理上才会最放松。听完这些反馈后，亚美觉得放松了很多，因为她发现自己的看法不一定是事实，自己原来的焦虑和担心就是因为深深地陷入这种想法中而不能自拔。

觉察固化的认知模式

很多人内在都有自己非常固化的认知模式，这些模式常常隐藏在潜意识深处，如果我们觉察不到，就根本无从转化。我们一个很重要的功课，就是让这些潜意识中的认知模式浮出到意识层面。尤其是在痛苦发生的当下，能够通过正念觉察那些正在不断放大负面情绪的想法，才可能进行后面的转化和抽离。下面我们总结几种常见的固化认知模式。

过度思虑

很多人都有这样的发现，只要自己一停下来，脑子里就会充满各种各样的念头，尤其是睡觉之前。这些念头要么有关过去，要么有关未来。"未雨绸缪""人无远虑，必有近忧"等习惯用语让很多人都喜欢提前计划与准备，当然我们并不反对这一点，但我们需要注意的是不要陷入过度筹划与思虑。我们已经很难让自己的头脑停下来，很难"留白"以让我们进入深度的放松和平静的状态。一旦我们无事可做，我们头脑中的各种想法都会涌进来，关于刚刚过去的事情做得如何，下一件事情如何做得更好，甚至是一些杂乱无章的胡思乱想等。尽管大脑只占了人体总重量的2%，却要消耗20%左右的身体能量，其中很多的能量都消耗在这些过度思虑中了。哈佛大学进行了一项研究，对2250人进行了数据采集，发现人们在46.9%的清醒时间中，心思并不在他们所进行的事情上，这是我们人类所特有的"背景噪声"。很多人就是由于这些过度思虑的"背景噪声"，长期处于神经兴奋状态，进而导致失眠、神经衰弱、焦虑等亚健康症状。

很多时候，对于一件事情过度思虑所导致的痛苦比这件事情本身带来的痛苦更严重。我自己的一段经历可以说明这个问题：

在我备考硕士研究生的过程里，由于压力较大，我开始失眠。失眠的时候，我就陷入了更大的焦虑，认为失眠肯定会影响我第二天的复习，进而会影响我的身体，甚至最后会影响我考研，如此想象不断加剧了我的焦虑，导致了更严重的失眠。后来直到我看到一句话，才改变了我的这个失眠循环，"你对失眠的担心所造成的伤害比失眠本身更严重"。从此，我不再担心我的失眠问题，而且发现前一天晚上的失眠对我第二天的复习影响其实非常非常小，中午再补个觉就好了。很多年过去了，即使现在我也有偶尔失眠的情况，我也没有再担心过这个问题。失眠再也不是困扰我的一个问题。

关于过度思虑产生的危害，有个小故事可以分享给大家：

一个人在战斗中被敌人的一支箭射中了，感到很痛，他并没有马上找医生拔出箭。首先这个人心里充满仇恨，心想"在下一次战斗中，我一定要找到射我的人并还他一箭"；然后这个人看着身上这支箭，想象这支箭可能有毒，非常担心，心想如果箭有毒自己就死定了。于是，他就在仇恨和担心中不断受苦。这个人实际上中了两支箭，第二支箭就是他中箭后的一系列仇恨与担心，只不过后面这一支箭是他自己射向自己的，而往往第二支箭让我们遭受的痛苦远远大于第一支箭。

负面思维

我们看待自己、他人或世界都有很多的角度，有正面、负面、中性等多种可能性，但是有些人会习惯性地从负面来看，而且这些负面的信念根深蒂固，从很早就开始了，这种模式和我们的先天性格、原生家庭、后天经历等有密切的关系。这些负面思维常常在我们的潜意识里重复运作，不容易察觉，一遍遍地放大我们的各种负面情绪。打个比方，**负面思维对我们的影响就像有人在桌子上放了把刀，而我们自己拿起那把刀不断地刺自己**。常见的负面思维有：

- 我不够好（优秀、好看）。
- 都是我的错。
- 别人都不喜欢我。
- 这件事我肯定搞不好。
- 这件事的结果一定很糟糕。
- 我肯定无法忍受这个结果。

倩莹来咨询时情绪非常低落，咨询中不断哭泣，起因是最近刚刚失恋。交流中她称在失恋后的这段时间里她陷入了深深的自责中，伴随着抑郁和失眠，脑子里不断重复的就是"我不够好""我配不上对方"等自我否定和自我攻击的声音。我一直倾听,直至她的情绪逐渐平静后,我问她:"你觉得自己不够好,这是你的想法还是一个事实?"她沉默了一会儿说:"是的,这是我的想法。"我继续问她:"这个想法是从什么时候开始的?是失恋后才有的吗?"她说:"不是的,我从小就常常有这样的想法,有时候这个声音会暂时平息一段时间,这次失恋又让我不断这样想。"在我告诉倩莹这种想法就像在用别人递过来的刀刺自己时,她才恍然悟到,原来并非抛弃自己的对方在伤害自己,而是自己的过度负面思维在不断伤害自己。

常常陷入负面思维的原因除了强大的思维惯性外,还有一个重要的原因就是负面情绪。虽然情绪 ABC 理论说是负面思维导致负面情绪,但实际上当我们陷入一些莫名的负面情绪时,我们会习惯性地去找一个合理化的解释,这时负面思维就应运而生了,然后负面思维继续放大负面情绪,形成了一个恶性循环。

强迫执着

强迫执着是我们深深陷入一些规定、信念或价值观等,并强烈地认定它们为事实,没有任何弹性,进而为自己及他人制造了很多的痛苦。很多时候,这些规定、信念或价值观本身没有什么问题,只不过是一个认知习惯而已,问题在于我们深深的执着,进而产生大量自我攻击、控制或攻击他人的行为。强迫执着常见的语言形式是应该、必须、绝对、务必等,例如"男孩子绝对不能哭""我务必要尽善尽美""我生日就应该收到心仪的礼物""你必须要好好地配合我的工作"等。

关系中一种常见的强迫执着就是"理所当然"的态度,即觉得对方应该无条件地满足自己的需求,否则就会通过威胁、利诱等手段来控制对方。当我们是婴儿的时候,父母当然会无条件地满足我们的基本需求,但是随着我们慢慢长大,我们很多的需求父母无法满足,包括一些我们被理解、被尊重、被爱的需求,父母由于各种条件的限制无法一直满足我们。有些未被满足的需求会逐步在我们内在形成一个需求的黑洞,当我们带着这些黑洞进入成年后的关系时,我们的一个强烈倾向就是通过外在他人来满足这些需求,填满这个需求的黑洞,然而一个残酷的现实是这个黑洞是无法通过外在来填满的,除非我们自己开始觉察并修复这个黑洞。当我们有能力自己修复这个黑洞后,我们在关系中就会变得更加自由。

对自己的强迫执着的一个重要表现就是完美主义,完美主义可以说是焦虑的一个主要来源。在我们的社会里,父母或外在权威会给孩子设立很多的目标,如要取得好成绩,考上好大学,找到好工作,有份好收入,等等,好像只有不断实现这些目标,我们才是好孩子,而这背后的逻辑常常是"我还不够好"。这个过程逐步内化成我们自己的追求，我们从他人手中接过这个鞭子，开始自我鞭策，这就是完美主义的根源。完美主义一方面导致我们不断处于焦虑中，因为我们好像一直都不够好，即便实现了一个目标，马上还有更多更大的目标等着我们；另一方面会导致我们不断压抑一些负面情绪或特质，而这些会成为未来的爆发点。在这里，很多人可能会说，追求完美也没什么不好呀，这样更有学习和进取的动力呀。是的，我同意这一点，但这与过度地执着于完美主义有很大的不同。有一种力量是放松的精进，如同一棵树自然地生长。其实我们每个人内在都有这样一种成长的力量，只不过很多人都没有看到或者不相信这一点。

天龙是一家大型IT公司的主管，在最近一次晋级答辩中没有通过，他陷入了严重的焦虑，伴随有失眠等症状。我们在探讨他焦虑的原因时，发现他一直对自己要求很高，从小一直是尖子生，考入了名校，然后进入了知名的大公司，这一切似乎都很顺利。但天龙很清楚，自己一直处于紧张和焦虑中，很担心自己随时可能失败，而失败对自己来说是不可接受的。天龙逐渐意识到自己的过度完美主义是自己长期紧张焦虑的主要根源，开始从此次失败中深入反思和转化自己的这个核心信念。

对于强迫执着造成的痛苦，我们常常不自知，还会习惯性地把原因归结于外在或他人。这个画面就好像是

我们自己死死地抱着一棵树不放,充满了痛苦,还在那里大声地叫喊:"这棵树呀,你为什么不放开我?"这棵树就是我们的执念。 当我们能够逐渐地放下这些执念时,我们就会与自己和解,进而能与周围的人更加和谐地相处。下面是学员邱瑜分享自己亲子关系的转化,我看完很感动:

女儿学习手风琴四年,每周练琴结束后都会请我来"欣赏"一下,过去,当我遇到非常熟悉的曲目时,一个错音或者几个音之间的节奏不均匀都会让我非常敏感,我时不时地摇头或者想要及时纠正这个错误,很难避免与女儿有一些争论。我想那段时间这种没有被妈妈充分包容、理解及肯定的感觉也同样困扰着女儿,最终影响了我们的亲子关系。直到有一天,我坐在书房看书的时候,无意间抬头透过落地的玻璃窗看到对面房间正在练琴的女儿,练习曲中有一句她一直弹不好,就一遍一遍地练,又一遍一遍地出错,再一遍一遍地坚持,直到最后全都弹对了。冯老师在课堂上说:"不怕念起,就怕觉迟。"这美好的一幕让我的泪水喷涌而出,我终于看见了孩子,明白了犯错是孩子成长必经的路,我有什么权利去抵抗和指责呢?到最近我越发珍惜与孩子练琴的时光,似乎听到的每一个音符都不会让我生出分别之心,我知道它仅仅代表一股正在释放的能量,而我在无条件地享受这场音乐盛宴,这是一个母亲的觉醒,是对女儿的充分信任,是对女儿无条件的爱的诠释。

——邱瑜,女,健康营养师,35岁

一念之转,地狱到天堂

先讲个小故事。

从前,有一位老奶奶,她有两个儿子,大儿子卖雨伞,小儿子卖布鞋。天一下雨,老奶奶就发愁说:"唉!下雨了,我小儿子的布鞋还怎么卖呀!"天晴了,太阳出来了,老奶奶还是发愁说:"唉!看这个大晴天,哪还会有人来买我大儿子的伞呀!"就这样,老奶奶一天到晚老是愁眉不展,吃不下饭,睡不好觉。邻居见她一天天衰老下去,便对她说:"老奶奶,你真是好福气呀!一到下雨天,你大儿子的雨伞就卖得特别好,天一晴,你小儿子的布鞋就特别畅销,这样不管天晴还是下雨,你两个儿子都有生意做,真让人羡慕呀!"老奶奶一想,也对!从此以后,老奶奶就不再发愁了,整天乐呵呵的。

这就是一念之转,可以说一念天堂,一念地狱。认识任何一件事情,其实都有很多个角度,不同角度会带来不同的情绪。其实事情本身是中性的,好与坏都是我们赋予的意义。很多人不太相信这一点,坚持认为总有一些事情肯定是不好的,诸如生病、被辞退、项目失败等。每当有人在我的正念课堂中提出这一点时,我常常都会调动团体的力量,找出一些有挑战的事情,让大家从不同的角度来看待。

一次课程中，学员天翔说自己刚刚被公司辞退，认为自己能力有问题，感觉很沮丧。我于是让其他同学也假设自己处于同样的位置，会有哪些看法和感受。大家开始讨论，有人说："我会认为是自己可能不适合这个工作岗位，无法发挥出我的优势，我会去重新探索我的新优势。"另一个同学说："我自己经历过同样的事情，我当时认为我自己会找到更好的新工作，感到兴奋，结果的确找到了另一个薪水更高的工作。"还有同学说："我认为自己终于可以休息一段时间了，可以好好准备一次旅游，我会感到很开心。"最后，再回到天翔，询问他的看法和感受，他说："通过其他同学的分享，我看到并不一定是我的能力问题，我感觉轻松了很多，对未来也更有希望。"

正念课堂后的作业我也会给大家布置相关的练习，邀请大家每天在一个情绪事件上尝试运用情绪 ABC 理论来进行一念之转，下面摘录学员白洁的作业。

A 外在事件：今天早上送儿子上幼儿园，看到他在我后面慢慢悠悠、磨磨蹭蹭地走路。
B 解读：他这样会导致我上班迟到，领导又要给脸色。
C 情绪结果：很焦虑，催促他走快些。
孩子好像没有听到我的提醒，继续很慢地走。
B1 解读：孩子故意磨蹭。
C1 情绪结果：有些生气。
B2 解读：孩子不想去幼儿园。
C2 情绪结果：有些好奇，是不是幼儿园发生了什么让他不开心的事情，进而有些担心。

B3 解读：孩子有他自己自然的走路节奏。

C3 情绪结果：平静下来。

我带着好奇，蹲下来询问儿子为什么走这么慢，儿子抱着我说："妈妈，我想和你多待一会儿。"我的眼泪瞬间流了下来。

——白洁，女，公司职员，32岁

美国心理学家拜伦·凯蒂（Byron Katie）和史蒂芬·米切尔（Stephen Mitchell）在其《一念之转》一书中，提出了进行一念之转需要问自己的四个问题，大家可以试试，这几个问题对于我们放下自己执着的认知确实很有帮助。

- 我的想法是事实吗？
- 我真的相信它是真实的吗？
- 当我不断这样想时，我的感受是？
- 当我放下这个想法时，我的感受是？

通过以上的故事、案例及工具，一念之转看似很简单，但实际上做起来并不容易，难就难在要转化我们强大的习性，头脑的力量相对于潜意识的力量是很微弱的。这就如同一个人骑在一头疯狂的大象身上，试图改变大象狂奔的方向，可以想象这有多困难。要想更有效地转化固化的认知模式，我们需要借助正念的力量，借助于这个"心灵的健身房"，来提升我们转化的能力。

正念减少内耗

通过正念来转化强大的认知模式,缓解由此引发的痛苦和内耗,需要经历识别、转化或抽离几个阶段。

识别就是看清当下自己陷入了哪些想法或评判中,有些是对自己的,有些是关于他人或事件的。思维之流快速而复杂,想要看清楚并不容易,需要我们放慢或暂停下来。其复杂性一方面是想法的数量多,重要性也不同;另一方面是层次不同,既有表层意识层面容易识别的想法,又有深层潜意识中的某些信念、价值观等。我们需要在当下的众多想法中,找到引发痛苦的一个或几个主要想法。为了便于大家识别一些惯常的负面想法,美国心理学家埃利斯总结了四种常见负面思维方式:教条主义的要求、把事情想得过于糟糕或严重、低挫折容忍力、低自我评价。

在识别出影响我们的负面想法后,就可以通过前面描述过的一念之转来进行转化。但是转念这件事情并不容易,尤其是当我们很深地陷入负面情绪中时,我们就会执着地认为这些想法就是现实,甚至视一念之转为阿Q式的精神胜利或自我安慰。另外,相信我们都遇到过这样的情况:在我们睡觉之前或者空下来的时候,脑子里充斥着各种各样的想法,毫无规律,杂乱无章,这么多的想法一个个地去转念也不现实。这时候我们可以尝试通过抽离来减少这些负面想法的影响。

抽离就是让我们减少对这些负面想法的强迫执着，拉开和这些想法的距离，这些想法引发的负面情绪就会大大下降。抽离首先需要正见的支持，也就是我们需要认识到，所有的想法都只是我们在当下编的一个故事，绝非事实；其次，抽离需要我们不断提升觉知力，这样我们才能够有能力去观察这些想法，而不陷进去。抽离需要大量的正念练习来支持。

正念练习的方法有很多种，前面的正念呼吸练习可以很好地转化过度思虑和强迫执着的问题。很多学员反映，当开始正念呼吸练习，聚焦于呼吸本身时，才发现念头是如此之多，而以往都没有发现这一点。这个看似简单的练习，实际上并不容易，刚开始聚焦呼吸没多久，念头就连续不断地进来，然后再回到呼吸，一会儿念头又起来，甚至常常不知不觉就被念头带走了，这些对于初学者都很正常。正是在这样来回循环的过程里，如激流一样的念头可能就会开始慢下来。而且更为重要的是，在这个过程中逐渐培养的觉知力，可以让仍然存在的念头对我们的影响越来越小，很多人可以在这样的观察呼吸过程中逐渐平静下来，即使念头还在。在这里，很多练习者容易陷入一个误区，认为正念呼吸的目的是消灭念头，甚至最后一念不起，这时练习的效果才最好。这会让我们的练习走到极端，过于关注压制念头的生起，反而会更紧张。

另一个可以提升抽离能力的正念认知练习是念头观照，通过这个练习，我们可以清晰地觉察到当下的念头，无论是定义、评判还是意图，都能被我们看到，而看到即转化的开始。通过持续地观照念头，我们可以逐步提升从念头中抽离出来的能力——觉知力，我们会渐渐和自己的念头拉开距离，只是观察念头的飘来飘去，如同观察天上的云朵一样，这样念头对我们的影响就会越来越小，减少了对于念头的强迫执着。在正念课堂中，学员俊杰分享了自己通过正念来转化惯性认知的一个例子：

> 我有一个亲戚，经济条件不太好，曾经向我借过钱，过了许久才还上，他给我的印象不太好。几天前我突然接到了这个亲戚的电话，在看到对方电话的瞬间，我脑海中闪现的念头就是对方又要借钱了，然后我就很担心，就让电话一直响着而没有接听。过了几分钟电话又来了，这次我突然想到了课堂上老师分享的"一念之转"，意识到自己陷入了过去。于是我深深地做了几次呼吸，然后接起了电话，原来是家乡当季的葡萄成熟了，这个亲戚知道我很爱吃这种葡萄，就让朋友帮忙带了一大箱刚刚采摘的新鲜葡萄，让我去取。放下电话后，我觉得很是惭愧，因为误解了对方的善意。而且即使他可能再借钱，我也可以根据当下的情况做出真实回应。
>
> ——俊杰，男，公司职员，29岁

念头观照练习

注：念头观照练习音频

请找个安静的地方坐下来,挺直你的脊柱,放松你的身体,然后你可以慢慢地闭上眼睛开始这个练习。

首先我邀请你通过几次又深又长的呼吸,让自己慢慢地安定下来。随着每一次深入的呼吸,你会感觉到身体正在变得越来越放松,然后我邀请你把注意力放在此时此刻你的呼吸上,留意你的每一次吸气与呼气,吸气的时候清晰地知道"我"在吸气,呼气的时候清晰地知道"我"在呼气。觉知呼吸的时候,请保持自然的呼吸节奏,即我们并不需要刻意加深或放慢呼吸。持续保持对每一次呼吸了了分明的觉知。

随着呼吸的进行,脑子里面可能会出现各种各样的念头,它们让我们忘掉我们正在觉知呼吸而被这些念头带走。当你脑子里面再一次出现念头的时候,这次我不再邀请你去放下念头回到呼吸上。而是邀请你去观照这个念头,清晰地知道在这一刻,"我"脑子里生起了这样的一个念头,然后去留意这个念头的变化。

继续去留意这些念头的生起与变化，然后我邀请你试着放下脑子里的念头，让我们的脑子进入空白，持续停留在这样的空白里，等待着下一个念头的生起，然后继续观照这个新的念头以及它的变化。持续地观照每一个念头的生起及变化，保持一小段时间，然后再次试着放下这些念头，体验念头消失之后的空白。

现在我邀请你试着观照念头的生起、变化、消失这样的一个循环，在这样的循环里，你可以试着延长两个念头之间的空白，更长时间地停留在念头消失之后的空白里，直到新的念头生起。留意这些念头可能并没有什么连续性，杂乱无章地生起和灭去，清晰地观察所有这些念头的生灭。

这些念头来来去去，就像天空中的云朵一样，这些云朵飘进来，不断变化，然后飘走，而我们的觉知，就好像云朵背后的天空一样。我们的觉知创造了一个巨大的空间，可以容纳所有这些云朵的飘来飘去。

这些云朵从起初的连绵不断，到中间开始出现间断，甚至这些间断变得越来越长。随着我们的观照力越来越强，这些云朵正在变得越来越少，我们越来越清晰地感觉到觉知的巨大空间，继续在这样巨大的空间里面观照念头的生灭。

有时候这些像云朵一样的念头可能会完全消失，我们就允许自己停留在空空如也的巨大的空间里。然后一段或长或短的时间后,也许又会有一些念头生起,就这样,几片淡淡的云朵飘来飘去,然后仍然是巨大的空间。

当我们可以清晰地观照这些念头的生灭时,我们会发现这些念头对我们的影响在变得越来越小,我们只是去观照这些念头的生灭,念头就好像大海上的浪花,生起、退下、生起、退下,这些浪花的生灭,对于整个大海而言,影响微乎其微。

通过不断观照这些念头的生灭,我们会发现,我们并不是我们的念头。这些念头只是无常的生起、变化、消失。持续保持对念头生灭的观察,无论是在有念还是无念的时候,我们都可以清晰地去感受这份觉知的存在。

你可以根据自己的需要,选择合适的时长,持续不断地观照所有这些念头的生灭,然后在合适的时候结束这个练习。

至道无难,唯嫌拣择,但莫憎爱,洞然明白。

——僧璨

客栈

鲁米

人就像一所客栈

每个早晨都有新的客旅光临

"欢愉""沮丧""卑鄙"

这些不速之客

随时都有可能会登门

欢迎并且礼遇他们

即使他们

横扫过你的客栈

搬光你的家具

仍然,仍然要善待他们

因为他们每一个

都有可能为你除旧布新

带进新的欢乐

不管来者是"恶毒""羞愧"还是"怨怼"

你都当站门口,笑脸相迎

邀他们入内

对任何来客都要心存感念

因为他们每一个都是另一世界

派来指引你的向导。

第 5 章 情绪管理：离苦得乐

王思雨是一名大二的女孩，入营学习前有严重的抑郁、焦虑和失眠。贝克抑郁自评量表（BDI）评测值为44，即重度抑郁；焦虑自测量表（SAS）评测值为70，即重度焦虑；失眠严重指数（ISI）评测值为24，即重度失眠。2021年9月~11月，经过两个月在正念训练营的系统学习和练习，后测数据表明：其贝克抑郁自评量表（BDI）评测值为3，由重度抑郁恢复至正常状况；焦虑自测量表（SAS）评测值为46，由重度焦虑恢复至正常状况；失眠严重指数（ISI）评测值为9，失眠程度由重度转为轻度。思雨开始变得开朗乐观，更加积极主动，还申请成为后一期训练营的助教，去帮助和她有类似困扰的同学。不久前我联系她，她说："哈哈哈，我现在升学啦，还在保持正念练习咧，情绪很稳定，每天都很开心。"她欢快的情绪也感染了我。下面是她的分享。

参加正念训练营之前，我每天要到凌晨3~4点才能入睡，习惯压抑情绪，常常焦虑到喘不上来气，专注力越来越差，情绪容易崩溃。我不知道用什么方法解决这些问题，直到我在学校遇到了正念课程。两个月的正念课程让我从自我封闭，慢慢学会分享收获，到给其他同学支持和力量，我真诚地感谢学校和老师。

我刚开始练习的时候感觉没那么好，有点儿痛苦，我习惯将情绪藏在心里，当情绪被释放出来时，我会有点儿喘不过气的感觉，还会很烦躁。后来我坚持每天晚上睡觉之前练习，就感觉这些情绪被释放。开始感觉是痛苦的，随着专注在呼吸之间，并且在生活中也带着正念专注去行动，我感觉情绪慢慢地开始消散，虽然情绪还是存在的，但是我没那么痛苦了，后面越做练习就越没有那么难受的感觉，会越来越轻松，心里的"石头"少了一点儿。

最近自己练习正念，冷静很多，如果说以前是在情绪里挣扎，那现在可以说我是以一个"观察者"的角度去看待这股情绪起来又下去，像波浪一样，自己没有很逃避这股压抑的情绪，能冷静地去看待它。

经过一期正念课程的学习，我的变化还是蛮大的，最大的一个变化就是我的情绪更为稳定，我更能和这些情绪好好相处，找到了让我自己舒适的生活方式。在上这门课之前，我觉得我是一个"小骆驼"，遇到事情会很容易崩溃，但是慢慢练习正念之后，情绪会比较稳定，我现在会比较有"能量"去生活。以前我每天的状态是：不开心的时候，我会想办法找事情做，让抑郁和焦虑情绪赶紧过去；开心的时候，我会想办法让这种"开心"维持更长的时间。但是无论是哪种方式，都让人很疲惫、很内耗。现在我慢慢察觉到自己的改变，无论开心、焦虑或愤怒，我都可以观察这些情绪，让它们在身体内流动一下，而不是陷入情绪旋涡里面，让自己筋疲力尽，进而影响生活。

正念课程结束后，正念慢慢地成了我生活的一部分。正念练习以及这个课程的确是让我的生活发生了比较好的改变。

第一，我的觉察能力更强了，可以觉察自身情绪的变化。我觉得这是一件很好的事情，我觉察后会自己去调整，改变自己的思考方式，学会接纳自己的情绪，包容自己。同时对别人的情绪也更为敏感，也学会去包容别人，冷静处理事情。同样地，对这个世界也是一样，我更真实地存在于这个世界，不在过去，不在未来，就在现在，我学会享受地去做自己喜欢的事情，不焦虑，不害怕。

第二，我发现我的情绪更为稳定，我焦虑、抑郁的情绪正在慢慢减少。如果说之前我大多时候在焦虑，内心在哭泣和悲鸣，现在它们并不是不出现了，而是很多时候会处于比较平稳的状态。无论喜怒哀乐，都已经是生活的调味剂，是生活的一部分。

第三，我觉得更有能量去生活了，以前每天都在内耗，总是一整天下来，什么事情都没干就已经疲惫至极，但是现在我能更好地储存能量，去认真生活。

——王思雨，女，大二学生，19岁

思雨转化情绪的关键并非压制情绪，而是通过正念的力量学习和情绪共处，而这正是情绪管理的关键。本章我们将会深入探讨情绪的本质和来源，以及我们对情绪的很多误解，并提供一套系统的情绪管理工具包。

任何情绪都有价值

我们首先以最古老的情绪——恐惧为例，来看看这种情绪发生的过程。

2019年的暑假,我带孩子去非洲旅行。茫茫的马赛马拉大草原上,每时每刻都在上演着追逐与猎杀。一头羚羊正在悠闲、安静地吃草,突然一头狮子悄悄靠近,羚羊意识到危险,马上加速逃跑,狮子在后面紧追不舍。眼看羚羊越跑越远,狮子怅然离开,而羚羊在摆脱危险后,习惯性地抖抖身体,好像彻底放下了这件事情,然后又开始继续悠闲、安静地吃草。其实这头羚羊所经历的就是一个恐惧驱使下的应激反应过程,羚羊可选择的行为包括逃跑、战斗和僵死。

在人类几百万年的漫长进化过程中,恐惧驱使下的"攻击或逃跑"应激反应过程一直存在着,它保护着人类的生存,已经深深根植于人类的基因中。当人遇到危险时,恐惧的情绪生起,以大脑为核心的各个系统开始进入应激反应状态:

- 自主神经系统中的交感神经系统高度激活,释放一系列应激激素,包括肾上腺素和皮质醇等。肾上腺素主要是加快我们的反应速度,皮质醇可以让我们的肌肉更有力量,以便于攻击或逃跑。
- 感官系统也高度激活,视觉、听觉、嗅觉等更为敏锐,身体上的毛发竖起,对周围环境的感知更灵敏。
- 心血管系统中心跳更快,血流速度也更快,以传送更多血液,产生更多能量。

- 肌肉和骨骼更紧张，如面部、肩颈、背部、四肢等部位充满张力，随时准备爆发。
- 消化系统和免疫系统则被抑制，因为危险让流向消化系统的血液减少，而皮质醇升高则会抑制我们的免疫力。

当危险解除后，我们的副交感神经系统启动，让我们进入休息与放松状态，消化和免疫系统等开始恢复，进而完成一个完整的应激反应过程。

从上面的过程我们可以看出，恐惧情绪的本质其实是一种自然的应激反应，是一种保护机制。如果没有恐惧这种情绪，人类应该不会存活到今天，这就是恐惧的价值。

对于现代人来讲，狮子这类危险虽然几乎已不可能出现，但是类似狮子的危险在我们的生活中从来没有消失过。考试、求职、竞标、离婚、疾病、亲人离世等压力源就是类似"狮子"一般的危险，由此引发的各种情绪，如焦虑、紧张、担心、愤怒等，其实都是恐惧情绪的变形，这些情绪与恐惧引发的身心过程是类似的，这些情绪能帮我们更好地应对这些危险或困难。

情绪无好坏

让一切就这样发生吧：美好的，恐惧的。继续向前，任何感觉都不是最终的。

——赖内·马利亚·里尔克

我们通常会认为那些给我们带来愉悦感受的情绪，比如喜悦、轻松、兴奋、温暖、亲近等是好情绪，而那些给我们带来痛苦感受的，比如愤怒、悲伤、恐惧、紧张、焦虑等是坏情绪。心理学上对于情绪也有分类，如正向情绪和负向情绪，但是这样并不意味着情绪有好坏之分，**情绪本身就是一股在当下生起的能量，既然只是一股能量，就可以说情绪是中性的。**

情绪本身没有好坏，但是由情绪带来的行为是有好坏的，这就是我们常说的"情绪无好坏，行为有善恶"。比如由于愤怒，你可能开始指责别人，甚至有暴力行为，这些当然是会破坏关系的行为。很多人因为分不清情绪和行为其实是两件事情，才会把容易引发不良行为的情绪视为坏情绪。情绪管理的重点在于如何全然地接纳我们的各种情绪，进而避免情绪带来的不良反应和行为。

负向情绪不是坏情绪，前提是这些情绪可以正常地流动，所谓正常地流动是指倾诉表达、有界限地宣泄等，当负向情绪如同流水流经我们的身体时,是不会有什么危害的。我们可以观察孩子,一个因为玩具坏了而大哭的孩子,在充分哭泣后,很快就会和其他朋友正常玩耍了,好像没有发生什么事情,但是如果是在大人的呵斥下停止哭泣的孩子,你会观察到孩子似乎总有些不对劲,好像一个小炸药包,随时可能碰火就着,这是因为情绪在孩子体内有积压。

当我们认定情绪有好坏之分时,最大的影响是对所谓"坏情绪"的不接纳。不接纳自己的"坏情绪",我们就会努力压抑它,这种压抑会对我们的身体造成伤害,造成情绪积累。情绪压抑到一定程度可能像火山一样爆发,而这种爆发宣泄通常又会破坏关系。同时我们也会不接纳身边人陷入负面情绪,例如对于孩子,当他们陷入愤怒、悲伤等情绪时,我们常常会评判、压制甚至呵斥。回忆一下我们自己的童年经历,大多数人都被父母或其他照顾者这样对待过,这也强化了"负向情绪是坏情绪"的认知。

中俊在谈及自己的咨询目的时,称想消除身上的愤怒情绪,因为这些愤怒给其亲密关系及职场关系带来了很大的挑战。自己常常因为一些小事,如别人不同意自己的观点,或者输掉一场并不太重要的比赛,就会发很大的火,进而变得很有攻击性。我们开始探索这些负面情绪的根源,中俊意识到在自己小时候父亲很喜欢控制自己的一切，尤其是不允许自己发火，虽然父亲自己常常发火。长期以来，他都认为愤怒是一种很糟糕的情绪，自己越想控制这些愤怒，发现这些愤怒反而越来越多，陷入了恶性循环。当我们谈及可以把愤怒视为一种"中性"的情绪时，中俊很吃惊，觉得这大大突破了自己的认知。随着交流的深入，他逐步意识到正是因为自己不断压抑这些愤怒，才导致愤怒的不断累积与增加，进而像火山一样随时可能爆发。在我们谈到可以将愤怒与行为分开，通过一些正当的方式表达与释放愤怒后，中俊觉得自己可以开始与愤怒重新相处了。

其实所有情绪都只是一个信号，给我们一些重要的提示而已。 例如愤怒往往提示我们有一些界限被侵犯了，悲伤提示我们在面对失去，焦虑提示我们有些危险或困难在发生。情绪就如同窗外的天气一样，有时阳光灿烂，有时乌云密布，有时狂风暴雨。我们不能单纯说下雨就是坏天气，也许农民朋友正在久盼一场大雨的来临。

情绪从哪里来

大脑是人类最重要的器官之一，情绪的来源与我们的大脑结构有关。从进化的顺序看，我们的大脑依次简单分为三个部分：爬行脑（脑干等）、情绪脑（边缘系统）、理智脑（大脑皮层），这就是"三脑"理论，形成

于20世纪70年代,由美国神经学家保罗·麦克莱恩首次提出。每个大脑部分对应一类情绪的来源,据此我们可以把情绪分为三类:

1. 反射型情绪

爬行脑(脑干等)是大概5亿年前早期脊椎动物开始发育的大脑,它还有一个形象的名字叫蜥蜴脑。反射型情绪来自爬行脑,主要指恐惧、焦虑等,这类情绪是我们最古老的保护机制。当突然面对某个危险,我们的情绪脑和理智脑都还来不及反应时,爬行脑最先启动,恐惧或焦虑情绪让我们在最短的时间内做出攻击、逃跑或者僵死的行为。这类情绪在人类的进化过程中,一直保护着我们。现在,相对于在古老的丛林时,危险虽然少了许多,但在很多时候仍然发挥着作用,如我们在川流不息的马路上横穿时,晚上走路突然前面出现一个物体时。除了这些危险的场景外,一些类似危险的场景,如演讲、面试、考试等,也会触发我们的反射型情绪。反射型情绪存在于我们的基因中,是我们生而为人自然而有的,这是我们身体层面本能的反应,并不需要转化。

2. 记忆型情绪

情绪脑(边缘系统)是大概1.5亿年前哺乳动物开始发育的大脑,所以也叫哺乳动物脑。情绪脑有两个很重要的部分,即海马体和杏仁核。海马体负责记忆整合,这是我们有意识记忆的来源；杏仁核则是我们潜意识记忆的重要来源，也是情绪脑的核心。

记忆型情绪来自我们的情绪脑，主要包括喜、怒、哀、惧等基本情绪。记忆型情绪主要来自我们过往的记忆，包括一些重大创伤事件和一些持续性的压力事件。这些事件初期在我们大脑里形成了神经回路，然后这些回路又不断被强化，越来越强大，形成了我们的情绪反应模式，也叫情绪按钮。这些按钮一旦受到外界的人或事刺激，我们就会马上爆发激烈的情绪。这些记忆不但是我们大脑的记忆，也是我们身体的记忆，我们前面讲到每种情绪都对应一组身体感受，当一种负面情绪爆发时，这些身体感受就在我们身体里面累积，最后导致我们身体里相应的与情绪相关的激素越来越多，这些情绪就更容易被激活并爆发。

举例来说，两个人听到同一句话"你怎么这么笨"时，一个人可能没多大反应，另一个人的反应可能是狂怒，后者在过往的经历中，可能累积了很多次被人看低的愤怒，才会有这么大的反应，这句话就是他的一个情绪按钮。

3. 认知型情绪

理智脑（新皮层）是大概250万年前早期人类开始发育的大脑，是人类所特有的大脑。理智脑负责我们的认知、判断、分析、逻辑等功能。认知型情绪来自我们的理智脑，包括各种复杂的情绪。前面讲到的情绪ABC理论描述的就是理智脑产生情绪的过程。

上述三种类型的情绪发生速度，以反射型情绪最快，其次是记忆型情绪，认知型情绪最慢。例如在沟通中，我们听到某一句特定的话时，我们的愤怒会马上生起，我们的解读系统还来不及反应，因为这句话触发了我们的记忆型情绪，而走了一条比认知型情绪更快的通路。反射型情绪因为是当下的外界刺激引发的一种保护机制，并不需要转化，但是记忆型和认知型的负面情绪可能会导致这些情绪的不断累积，给我们的身心带来伤害，是我们需要重点去管理和转化的。

认识焦虑

如影随形的焦虑

焦虑不同于恐惧与压力，恐惧与压力都有明确的对象，例如一辆高速向你行驶而来的汽车给你带来恐惧，明天的公众演讲让你很有压力，而焦虑不一定总是有对象，我们常常不知道因为什么，就被一种莫名的紧张和担心抓住,这就是焦虑。美国著名心理学家罗洛·梅曾给焦虑下过一个定义:"焦虑是某种核心价值受到威胁时所引发的不安"。但是这种核心价值在焦虑的当下,我们常常意识不到,只有之后深入探索时可能才有一些了解。

一项针对2000名成年人的调查发现,62%的人认为生活正变得越来越令人焦虑。有人说,这是一个最好的时代,因为物质极大丰富,生活更加便利,但也是一个令人最为焦虑的时代,每个阶层都有自己典型的焦虑。孩子从出生开始,很小就开始参加各种早教班,竞争越来越提前;入学后,除了各种考试和竞赛,课外还有各种补习班及兴趣班;进入社会后,就要持续面对就业、房贷、恋爱、婚姻、生子等方面的压力。此外,企业高管需要面对业绩增长、家庭关系、健康问题等方面的压力;老年人需要面对健康、保障等方面的压力。很多人面对这些持续的压力,无法很好地处理和转化,就逐步内化为焦虑,焦虑于是慢慢地成了人们生活中的一种常态,甚至当我们不焦虑的时候,反而会引发焦虑,因为我们已经不熟悉或者不习惯真正的放松状态。

我们中的绝大多数人,从出生开始,就在父母或外界的影响下内化了一系列要达成的目标:金钱、地位、权力、健康、婚姻等。于是从我们一出生,就登上了一趟奔向未来的高速列车,向着我们一个个具体的目标前进。我们总认为，只要达到这些目标，我们就能幸福快乐，不再焦虑。然而，当我们达到其中一些目标时，我们会发现更大的目标还在前面，我们只有持续前行，于是我们就陷入了在焦虑与实现目标之间无休止的循环中。我们只能活在未来，而无法活在当下。这就是我们很多人的困境！

焦虑从哪里来

本体焦虑

这种焦虑就是我们前面所述的反射型情绪。我们可以想象这么一个场景：在几百万年以前的原始森林中，原始人类始终处于危险中，猛兽、毒蛇、食物短缺、自然灾害等随时威胁着人类的生命，人们随时都处于焦虑和恐惧中，随时提防可能出现的危险，随时准备要么逃跑，要么战斗。终其一生，人类绝大多数时间都是处于这种焦虑与恐惧里，但是就是因为随时处于这种警觉状态，人类才得以生存下来，繁衍生息，而这种恐惧与焦虑也储存在我们的基因中并遗传下来。

虽然现在我们的环境已经比较安全，但是我们仍然会处于一种深深的不安中，这是一种对于非存在或者死亡深深的焦虑，这是进化的遗留物，是最古老、原始的焦虑，也即本体焦虑。

我们可以观察一个婴儿，离开温暖的子宫后，婴儿便进入一个不确定、混沌的世界，本体焦虑与不安全感始终伴随着孩子的成长，只有母亲（或其他照顾者）的照顾才能缓解这种焦虑。随着孩子慢慢长大，语言功能逐步发展出来，对世界的认识越来越准确，这种本体焦虑才能逐步缓解。现在我回忆自己小时候，经常被一些死亡的噩梦困扰，随着年龄增长，这类噩梦逐步减少，我猜想也和本体焦虑有关。

本体焦虑存在于我们生命的背景里，就像弥散的空气一样，但是我们绝大多数时候似乎感受不到这种焦虑，只有少数时候，那些深深的无意义感、无方向感、空虚感生起时，我们才能体会到部分的本体焦虑。人们都不喜欢面对本体焦虑，会习惯性地加以防卫，我们会通过建立很多确定性的东西避免本体焦虑，于是语言、关系、道德、法律、宗教、婚姻等出现了，这些相对确定性的东西给我们带来了安全感、确定感，使得我们的本体焦虑大为缓解，但是这些确定性的东西也会为我们带来新的挑战。

压力持续累积导致的焦虑

这种焦虑就是我们前面所述的记忆型情绪。很多人不太分得清楚压力与焦虑，这两者的确很相似且关系密切。压力和焦虑都是一种应激反应，让我们的身体处于兴奋状态，以保证我们的身体做出一系列的反应，如神经系统更兴奋、血流加快、肌肉更有力量、反应更快，等等，这些反应可以协助我们摆脱危险。通常我们认为压力是对某种具体的危险所做出的反应，如即将到来的演讲、一个重要的面试等；而焦虑是通常没有具体明确的对象触发，我们就会陷入其中的一种情绪。

持续的压力状态导致了焦虑的不断累积。现代人虽然不再像原始人那样每天面临如猛兽、食物短缺等的危险，但是我们每天都在面临各种目标的威胁，诸如成绩、业绩、职位等，这些目标就是我们每天都会面临的"狮子"，而且这些目标没有尽头，我们达成了一个目标后，可能马上发现还有一个更大的目标等着我们去实现。我们还有一个压力放大器，那就是人类特有的强迫性思维，在目标没有达成以前，我们的强迫性思维会不断地放大压力。这些持续的压力让我们的大脑和身体逐步习惯于处于压力状态，而无法真正地放松，甚至没有任何触发对象时，我们就处于焦虑中了。持续的压力让我们的大脑和身体发生了一系列的变化：如大脑中杏仁核会保持高度活跃状态，身体中的应激激素，如肾上腺素和皮质醇长期处于较高水平。这些大脑和身体的变化就是我们焦虑持续出现的生理基础。

过度思虑导致的焦虑

这种焦虑就是前面所说的认知型情绪，我们这颗永不停歇的大脑是我们焦虑最主要的制造者，焦虑产生的理论基础就是我们前面提到的情绪 ABC 理论。这个部分我们在第 4 章介绍了很多，此处不再详细说明。

负面行为强化焦虑的累积

对于焦虑和压力，我们很多人习惯性地认为这些都是坏情绪，会本能地逃避或转移，于是这些逃避或转移的行为让焦虑的情绪无法得以流动和释放，于是导致了焦虑的不断累积。一些行为甚至还会形成新的压力源，进而形成了焦虑累积的恶性循环。这些行为包括：

1. 通过多种上瘾行为去转移焦虑

沉迷手机和游戏、依赖烟酒、过度购物等多种上瘾行为，都是为了转移我们的焦虑感，让我们可以暂时不用体会焦虑的感受。但是实际上，很多上瘾行为产生的兴奋感，其身体机制与焦虑感是高度一致的，结果让我们的焦虑越来越严重。一些上瘾行为，如依赖烟酒，还会持续破坏我们的健康，而这又会形成新的压力源，导致焦虑的恶性循环。

2. 通过讨好、讲道理或被动攻击等行为压抑焦虑

还有一些人不懂得如何表达及释放焦虑，会通过一些无意识的讨好、讲道理，甚至是被动攻击（如拖延、不守承诺、抱怨等）等行为压抑焦虑感受，或者干脆选

择无视这些感受，这些压抑及否定的行为也会导致焦虑的持续累积。

3.通过指责、控制等行为投射焦虑

这些行为在关系中最为常见，因为很多人没有意识到自己累积了很多焦虑，会习惯性地认为是别人的行为导致了自己的焦虑，于是便会通过指责或控制别人的行为来缓解自己的焦虑。然而这些行为会破坏关系，导致别人的反抗，进而加剧自己的焦虑，强化了焦虑累积的循环。在很多的亲子关系、夫妻关系中，这些行为最为常见。

焦虑，敌人还是朋友

深入全面地了解焦虑，有助于我们和焦虑更好地相处，最终我们会发现，**我们无法完全消除焦虑，而是需要学习如何与焦虑相处，焦虑还可以成为我们重要的资源。**

焦虑的价值

焦虑作为一种古老的保护机制，有很多重要的积极价值。

1.抵御危险

虽然我们生存的环境已不是原始森林，但是生活中还是有一些偶发的危险，如飞驰的汽车从身边疾驰而过，人类焦虑的保护机制可以挽救我们的生命。

2. 提升效率

作为现代人,原始危险我们已经较少遇到,取而代之的是学习或工作中的竞争等现代"威胁"。很多心理学家研究了焦虑的意义,得出了效率与焦虑程度关系的曲线,如图5-1所示。

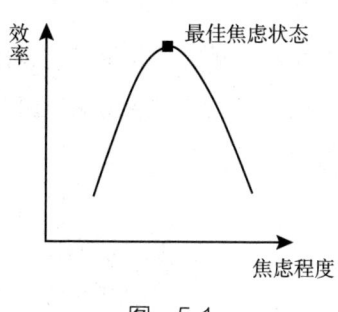

图 5-1

可以清晰地看到,在焦虑程度到达一个临界点之前,焦虑对于我们有着非常重要的积极意义,它能让我们的工作效率提高,更有创意和热情,进而极大地激发我们的创造力和生命活力。而当焦虑程度过高,超出我们的承受力时,才会对我们产生消极的影响,包括工作效率下降、反应迟缓、身体健康受影响等。很多人会有疑问这个临界点在哪里,这因人而异。每个人只能觉察焦虑对自己的影响情况,是在让你更有效率和创意、更兴奋,还是让你更迟钝、健康状况下降,这些都需要清晰地觉察才能感知到。

观察一个正在蹒跚学步的孩子,这时孩子可能在面对一定的焦虑,因为一切都是不确定的,但是此时孩子的学习能力很强。人最初几年的学习能力非常强大,这与焦虑有一定关系。

3. 激发创造力

焦虑是我们面对不确定性时自然生起的感觉,我们会本能地想把不确定性变为确定感或可掌控感,这个过程中焦虑常常会激发我们的创造力。

我自己在早些年带领课程前,由于每一堂课都是全新的,所以常常也会处于焦虑状态,我的觉察是这种状态会给我带来一些兴奋,而很多的新想法与创意也会在这些焦虑中产生,所以我认为这是健康的焦虑。随着时间的推移,我对课程内容越来越熟悉,这种焦虑感逐渐缓解,但课程中创新的内容也不如早些年多了。

许多世界著名的专家和艺术家实际上都是焦虑者。分享罗洛·梅的名著《焦虑的意义》中的几句名言来说明这一点:

"焦虑是比现实更好的良师。"——克尔凯郭尔

"冒险造成焦虑,不冒险却失去自己。"——克尔凯郭尔

"越有原创性的人,他的焦虑便越深刻。"——葛斯汀

过度焦虑的危害

1. 危害健康

研究表明，长期处于过度焦虑中的人，其免疫力会明显下降。我们知道，正常的免疫系统是我们对抗细菌和病毒的主要屏障，如果我们的免疫力长期处于低下的水平，就给了细菌、病毒等损害我们身体的机会，很多人可能会慢慢陷入亚健康状态，如果我们不注意这个问题，一些重大的疾病可能会出现。长期焦虑的人，很容易陷入失眠、心血管疾病、肠胃疾病等的困扰中。

2. 影响工作和学习

前面讲到适度焦虑可以促进工作和学习，但是焦虑超过一定的临界值会影响工作和学习。这是因为当焦虑程度过高时，我们的情绪脑就会绑架整个大脑，导致我们负责思维的大脑皮层失去作用，我们当然就无法正常地工作和学习。这样的例子很多，经常听到的就是一个人在某次考试中，由于过度焦虑和紧张，大脑一片空白，导致发挥严重失常，甚至漏做了试题。

3. 上瘾行为

前面我们讲到上瘾行为会强化焦虑的累积，同时焦虑的不断增加也会导致上瘾行为，焦虑和上瘾是会互相促进和加强的。沉迷手机和游戏、依赖烟酒、过度购物、沉迷极限运动等众多上瘾行为背后的原因都和焦虑有关，当焦虑感生起时，我们感到不舒服，会习惯性地寻找转移对象以暂时缓解焦虑，这个过程甚至可能是完全无意识的自动化行为。我们可以留意一下很多上瘾行为，大都是让我们保持一种兴奋感，这种兴奋感的身体机制和焦虑感是高度一致的，所以上瘾行为既是转移焦虑感，同时也在不断强化焦虑的身体发生机制，最终导致焦虑程度越来越高，形成焦虑累积的恶性循环。

4. 破坏关系

当我们处于过度焦虑中时，很容易因为外界的一点儿刺激就产生"攻击或逃跑"的应激反应。尤其是当身边人的做法和自己的期待不一致时，我们很容易产生指责、控制、抱怨等行为，例如焦虑的妈妈批评孩子没有按时完成作业，焦虑的领导指责下属没有按规定完成工作任务，等等。当然，很多人没有意识到这是自己的焦虑所致，而是习惯性地去外界找"替罪羊"。这些习惯性的指责、控制与抱怨又会引起对方的反抗与回击，于是关系可能恶化，而这又会形成新的压力源，导致焦虑累积的循环。

焦虑，如同一把双刃剑，是敌人还是朋友，取决你如何去运用。这里的关键是你对自己的焦虑是否有觉察，带着觉察可以充分发挥焦虑的积极作用，避免焦虑的持续累积；如果失去觉察，我们很容易陷入焦虑累积的自动化反应，产生伤害自己或他人的行为。

焦虑在身体上的反应

焦虑的持续累积会导致身体出现一些症状，这个过程在心理学上叫作躯体化。很多人对自己的情绪不敏感，只有当出现身体上的症状时，才开始注意这个问题，所以身体上的这些反应就是一个警示，提醒我们需要注意自己的情绪问题了。遗憾的是，即使在身体发出这些明确的信号后，很多人也还没有意识到这些问题是情绪的累积导致的，而是把这些身体上的问题纯粹视为身体本身的问题，只尝试通过一些药物去治疗，而不从身心模式的根源上去彻底解决问题。

焦虑作为一种应激情绪，在身体上引发的反应和我们前面描述的应激反应很类似，主要表现在呼吸、神经系统、心血管、感官知觉、肠胃、肌肉等方面的反应。

- 焦虑使人的交感神经系统机能亢进，血液中肾上腺素的浓度增加，机体会出现血压升高，心跳加速，口干舌燥，瞳孔扩大，手掌及脚趾等部位出汗增多的反应。
- 呼吸短促或者呼吸不畅，严重时甚至有窒息的濒死感。
- 头部、面部、四肢等部位的肌肉紧张，引起收缩性或挤压性头晕头痛，颈、肩、腰、背感到僵硬和疼痛，严重者会出现震颤、抽搐。
- 睡眠障碍，典型表现为入睡困难，思虑重重，辗转反侧而无法入眠，也可表现为睡眠浅、多梦、易惊醒或醒后不易再睡等。
- 有些男性会出现尿频、尿急、性欲减退等问题，女性则会出现月经紊乱和痛经等问题。
- 消化系统出问题，会出现恶心呕吐、腹胀、消化不良、腹泻—便秘交替、食欲下降、口干口苦，以及腹胀难受，但又不能指明具体部位，检查也无法查明原因。
- 感官变得更加敏感，对声音、光线等的反应比过去更大，甚至于对电视、广播、门铃等正常刺激都无法忍受。
- 注意力不能集中，记忆力下降，易于伤感、流泪和哭泣等。有些人还会出现坐卧不安、搓手顿足、来回走动、小动作增多等行为。

看清抑郁

症状是意义的信差，只有在意义获得理解后，症状才会消失。

——欧文·亚隆

抑郁,一份包装不太好看的礼物

深处抑郁中的人,都在面临巨大的挑战:情绪持续低落、负面思维困扰、身体上的痛苦、行动力低下、注意力涣散、工作及学习效率很低,甚至还有自杀风险,等等。这些都是抑郁情绪可能给我们带来的负面影响。我们首先想讨论的是抑郁给我们带来的积极价值,从这样一个角度看待抑郁有助于我们更完整地观察抑郁,打破我们一些认知上的误区。

焦虑与抑郁的关系

在我这里做咨询的很多案例中,我观察到很多人都有焦虑与抑郁两种症状,这其实和我们的神经系统平衡有关。我们的自主神经系统由交感神经系统和副交感神经系统组成,简单地说,交感神经系统帮助我们产生兴奋,应对危险;副交感神经系统帮助我们放松。这两个系统处于自然的平衡状态,交替进行,如同昼夜变化、一呼一吸。然而,我们中的很多人日常大多时候都处于交感神经系统的兴奋状态中,很多情绪都是这种交感神经系统兴奋的表现,如焦虑、压力、烦躁、担心、恐惧、紧张、愤怒等,为了逃避这些负面情绪与感受,我们产生了很多上瘾行为,如沉迷手机和游戏、依赖烟酒、过度购物等,而这些行为又强化了交感神经系统的兴奋,同时这种长期的交感神经系统兴奋又导致我们睡眠不足或睡眠质量不高,无法获得足够的休息与放松,长期这样下来,我们就一直卡在交感神经系统兴奋的状态里。

我们的身体实际上是非常有智慧的,它会自动启动保护机制。设想一下,如果我们长期卡在交感神经系统的兴奋状态里,身体会如何自动调节?是的,身体会迫使我们放松与休息,这时候抑郁、低落、倦怠等情绪就会自然出现,这是身体的一个自动化选择,实际上是一种补偿机制。

抑郁在向我们传递什么信号

如果说恐惧提醒我们危险来临,压力提醒我们集中精力面对当下的困难,愤怒提醒我们自己的界限受到了侵犯,悲伤提醒我们丧失对于我们的意义,那么抑郁在向我们提醒什么呢?是的,抑郁在提醒我们,你该好好休息与放松了,并可以引发关于我们到底想要什么的深入思考。如果我们长期卡在抑郁情绪里,这是身体是在提醒我们:"你内在的某些情绪、思维或行为模式应该有所转化了。"

抑郁其实是一个很负责任的信使,它通过身心发出信号,传递很有价值的信息,提示我们积极转化某些身心模式,所以我们才说,抑郁,是一份包装不太好看的礼物。当我们充分重视这些信息，开始深入的内在探索时，我们会发现抑郁只是一个结果，其存在早已有各种原因。结果出现，我们已经无从改变，只能选择接纳并与之共处，然而很多人无法接纳这样的结果，通过各种方式抗拒抑郁，这种抗拒只会加重抑郁的累积，所以抑郁是非常容易复发的。如果我们重视抑郁所传递的信息，开始从抑郁的原因上做功课，当我们真正消除了导致抑郁产生的身心模式上的问题时，我们就能在未来避免抑郁复发，这是能从根本上转化抑郁的。下面分享一段我自己的抑郁经历，看看抑郁带给了我哪些价值。

作为一个农村的孩子，考上大学才是自己的出路和最重要的目标，所以我的高中生活，尤其是高三这一年还是很有压力的，学习也非常紧张。当考上自己比较理想的大学后，我的生活突然失去了目标，原来一直紧绷的神经也开始松懈了下来，我开始感受到长时间的低落，对学习和生活都没有热情（现在看来是抑郁，但在1991年我的世界里还没有这个词）。我清楚地记得那时最令我产生共鸣的是王朔的小说，小说里的玩世不恭反而让我更加颓废，但在这个过程里我也不断在思考自己的人生意义是什么。后来我通过阅读马斯洛的需求层次理论，意识到自己有自我实现的需求，虽然那时候还不知道具体要实现什么，但在阅读《约翰·克利斯朵夫》一书时，我的活力逐渐恢复，我慢慢找到了自己感兴趣的东西，如阅读、打工挣钱、参加各种人文活动等，这样我渐渐才从那段抑郁的经历中走出来。现在看来，我那时候的抑郁一方面是对高考前压力和紧张的调节，让自己更好地休息与放松，另一方面是提醒我思索人生的意义，这两者其实都是抑郁带给我的礼物。

抑郁、恐惧、焦虑、愤怒、兴奋、喜悦、悲伤……我们所有的这些情绪都在不断变化中，这些情绪就如同天气一样，于是我们的内在时而乌云密布，时而电闪雷鸣、狂风暴雨，时而阳光灿烂，时而和风细雨……就其本质而言，没有哪种天气是真正的坏天气，没有哪种情绪是真正的坏情绪，我们需要的是一份"行到水穷处，坐看云起时"的超然，才能不被情绪所困，同时还能看到每种情绪背后的意义！

抑郁从哪里来

前面我们讲到抑郁的出现只是一个结果，原因是我们的内在模式，下面我们就深入探讨我们内在的哪些模式导致了抑郁的出现，甚至是抑郁的复发与循环。此处我们运用前面的认知行为模型，以抑郁为例，来探讨抑郁是如何不断累积起来的。

首先看感官信息，感官信息是我们从外部收集到的各种信息，只是信息收集的结果，通常不是我们抑郁的主要原因。但是，在这里很多人的认识容易有一个误区，就是认为自己的抑郁是外部因素引起的，如繁重的工作、亲人的离世、一些重大灾难事件等。在我的咨询中，也常常遇到这样的来访者，他们认为是外部因素导致了他们的抑郁和焦虑，让我协助他们解决这些具体的外部问题，然而经过后面的探索，我发现这些人的身心模式才是他们抑郁的主要原因，外部因素充其量而言只是一个导火索而已。

其次是思维模式，这是导致我们抑郁和焦虑的重要因素之一。在与很多受抑郁和焦虑困扰的朋友交流的过程中，我们常常发现，绝大部分人都有强迫性思维，也就是说大脑停不下来，要么是对过去的后悔与遗憾，要么是对未来的担心和怀疑，就是无法全然活在当下。这些思维模式有着强大的力量，总让我们认为我们的想法就是事实，并深陷其中。这些思维模式就像一根根枷锁，把我们束缚在负面情绪中。1980年菲利普·肯德尔和斯蒂文·豪龙制作了"自动思维问卷"（ATQ），列出的抑郁病人的主要想法清单如下：

（1）我觉得活在世上困难重重。

（2）我不好。

（3）为什么我总不能成功？

（4）没有人理解我。

（5）我让人失望。

（6）我觉得过不下去了。

(7)真希望我能好一点儿。

(8)我很虚弱。

(9)我的生活不按我的愿望发展。

(10)我对自己很不满意。

(11)我觉得一切都不好了。

(12)我无法坚持下去。

(13)我无法重新开始。

(14)我究竟犯了什么毛病?

(15)真希望我是在另外一个地方。

(16)我无法同时对付这些事情。

(17)我恨我自己。

(18)我毫无价值。

(19)真希望我一下子就消失了。

(20)我这是怎么了?

(21)我是个失败者。

(22)我的生活一团糟。

(23)我一事无成。

(24)我不可能干好。

(25)我觉得孤立无援。

(26)有些东西必须改变。

(27)我肯定有问题。

(28)我的将来毫无希望。

（29）这根本毫无价值。

（30）我干什么事都有头无尾。

再次是情绪模式，主要是我们应该如何与抑郁相处。很多人都"谈抑郁而色变"，唯恐避之不及。有一次一个精神科医生朋友告诉我，有一个患者来检查，然后问他："我是不是抑郁症？如果是我就去自杀！"由此可见大家对抑郁的误解有多深。其实抑郁只是一种情绪而已，有人称之为"情绪感冒"。当我们允许并接纳抑郁的发生，抑郁这股情绪就会有一个自然的生起、变化、消失的过程，而且往往时间都不会太久。反之如果我们对抗它，则可能会制造更多的焦虑，进而陷入更深的抑郁中。

> 欣怡是我们早期训练营的学员，有较为严重的抑郁症状，常常需要服用药物来缓解。一期训练营结束的时候，她分享说："当我以前陷入抑郁的时候，我会有很多的担心和恐惧，会不断通过各种方法试图让抑郁尽快消失，如不断去医院调整药物。现在当我再次陷入抑郁情绪时，我会更坦然，知道它会来，也一定会过去。我以一种平静的心态与之相处，反而发现抑郁再没有像过去一样抓住我不放了。"

最后是行为模式，我们在抑郁情况下的行为常常反过来加剧我们的抑郁情绪。前面我们总结了抑郁患者的普遍想法，其核心是"我不够好，我没有价值"，这是典型的自我否定和自我攻击；而焦虑患者正好相反，很容易攻击或控制他人。这些不断重复的自我否定和自我攻击的想法会导致我们逐渐耗尽精力，身心俱疲，丧失对日常让我们能产生愉悦感的事情的兴趣。各种拖延、逃避或上瘾的行为就会控制我们，而这些行为产生的负面影响更加强化我们觉得自己不够好或没有价值的信念，于是形成了恶性循环。

上面就是导致我们抑郁的内在模式，这种强大的模式最终会体现在我们的身体上。我们大脑里逐渐形成了一系列强大的神经回路，这些神经回路就好像我们在路上不断行走时出现的深深的痕迹，一旦一些外在刺激出现，我们就很容易激活这些神经回路。同时身体里的神经递质或激素水平也会和我们的抑郁情绪相匹配，这些都是抑郁反复发作的生理基础。

抑郁在身体上的反应

由于情绪与身体感受的一体化，抑郁也会导致一系列身体上的反应，这些躯体化的症状既是抑郁情绪长期累积的结果，又可能成为诱发抑郁的原因。

抑郁在身体上引发的主要反应如下：

- 睡眠问题，主要表现为失眠、睡眠浅、易醒、多梦等。

- 长期疲惫，即使休息好了，也容易感到没有精力，无精打采。
- 疼痛，可能表现为头痛、关节痛、肩颈痛、背痛等，去医院也很难检查出问题。
- 消化问题，表现为胃痛、恶心、消化不良，腹泻、便秘等。
- 食欲或体重变化，有些人在抑郁的时候感觉不到饿，而有些人恰恰相反，需要不停地吃，结果就是体重减少或增加，导致厌食症或贪食症。

正念情绪管理

对应该的事情和应该的人发怒，并且以应该的方式，在应该的时间和程度，就应该受到赞扬。

——亚里士多德

情绪，压抑还是放纵

正念情绪管理是在当下去感知、识别、表达及转化情绪的过程，其目的是既不压抑情绪，也不放纵情绪，这也是正念"中道"的智慧。压抑情绪会伤害自己，而放纵情绪则会伤害他人。

很多人感知与识别情绪是有困难的，尤其是对于那些所谓"聪明"的人,这类人智商很高,擅长逻辑思维。情绪感知与表达有困难一般与童年背景、教育背景、职业发展等有较大关系。如果童年生活在一个比较冷漠、很少表达情绪的家庭里,我们的右脑可能无法得到足够的刺激,而左脑可能会越来越占据支配地位。通常我们认为右脑更多负责我们的情绪、直觉、创意等功能,左脑则负责我们的逻辑思维、语言等功能。我们的教育目前更侧重于左脑教育,更注重孩子的智商开发、知识积累,而比较忽视孩子的情绪识别与表达、同理心的培养等。随着我们的成长,进入社会开始工作,很多工作需要我们的高智商,需要我们的逻辑思维,这些也越来越强化我们的左脑,而右脑的发展越来越少。这样,童年背景、教育背景、职业发展等多方面因素,造就了越来越多的"左脑型"人。

前面我们提到负面情绪并非坏情绪,那为何还需要情绪管理来转化负面情绪呢?情绪管理的意义主要在于避免两种极端,一种是压抑负面情绪,另一种是放纵负面情绪,这两种方式都有很大的危害。

1. 压抑负面情绪的危害

情绪本身无好坏,但压抑情绪是有伤害的。

前面我们讲到情绪引发的应激反应过程,只有这个过程被充分完成,情绪能量被完全释放掉,情绪带来的神经递质被彻底"代谢"掉,情绪才不会对身体产生负面影响。然而很多人越来越难以完成情绪释放的自然过程，一是因为大脑通过过度思虑不断放大情绪，二是因为可以释放情绪的运动越来越少，这都导致了情绪的不断压抑，由情绪引发的相关激素就会累积到身体里。以长期焦虑和压力为例，这类情绪会引发越来越多的皮质醇累积，而皮质醇会不断抑制我们的免疫力。

现代科学研究表明负面情绪会对免疫力产生影响。在负面情绪产生初期免疫力有一定的提升，这是自然免疫的结果。但是在 5 分钟后，免疫力开始持续下降，直到 6 小时后才能逐步恢复正常，这是因为皮质醇会抑制产生免疫能力的 T 细胞和白细胞，导致免疫力的下降。虽然 6 小时后免疫力可以逐步恢复正常，但长期处于负面情绪中的人的免疫力就会长期低下。

免疫力是人体的防御系统，人体里有各种病毒、细菌等，正是由于免疫系统的作用，我们才能维持健康的平衡状态，但是如果我们由于长期的负面情绪积累，进而导致免疫力的长期下降，可想而知各种身体问题就会趁机而入了。通常这些问题都是从亚健康开始，典型症状如长期睡眠不足、颈肩劳损、背部疼痛、慢性咽炎、肠胃不好、容易感冒等。如果我们忽略这些亚健康的信号，身体可能会以更严重的疾病来提醒我们。越来越多的研究和调查表明，很多的疾病都和长期压抑负面情绪有关，诸如心脏病、糖尿病、癌症、高血压等。美国著名导演伍迪·艾伦曾自嘲："我不生气，但我可以生肿瘤来代替生气。"

压抑负面情绪的另一个危害是让我们对某些负面情绪"上瘾"，增加我们在负面情绪中的执着。这样说，很多人可能会觉得很奇怪，负面情绪让我们很不舒服，我们都想消除它们，怎么还可能对它们上瘾和执着呢？这是因为当我们长期处于某些负面情绪中时，由于身心是一体的，这些负面情绪会在我们的身体中形成某些变化，例如在大脑中形成固定而强大的神经回路，身体里的激素水平一直较高，这些身体上的变化是长期负面情绪的结果，同时这些身体上的机制又会导致负面情绪不断产生，形成恶性循环。在这样的恶性循环中，人们越来越"熟悉"这些负面情绪的状态而无法自拔，这就是上瘾和执着。以焦虑为例，长期焦虑的人身体内肾上腺素和皮质醇的水平一直较高，这种长期较高的激素水平对我们的身体是有害的。但是，由于长期处于这样的焦虑状态，我们的身体似乎"习惯"了这样的破坏性平衡，对于平静放松的状态，我们的身体反而"不适应"和"不熟悉"了，这就是我们改变的阻力所在。一旦我们有机会放松和休息时，已经习惯焦虑的身体是无法让我们真正放松的，于是我们就会去玩手机、打游戏、网上购物等，我们错误地以为这些行为让我们放松，其实只是让我们更兴奋，而这种兴奋的神经机制和焦虑是类似的，实际上我们以为的放松让我们更加焦虑。

2. 放纵负面情绪的危害

放纵负面情绪很容易破坏关系，尤其是当我们固执地认为我们的负面情绪是由别人引起的时。这时候，我们很容易陷入指责模式，出现语言暴力，甚至是肢体暴力，这就侵犯了别人的界限，自然会破坏关系。不断放纵负面情绪也会强化我们这种放纵的模式，使我们不断地陷入暴力循环，这样的模式在我们的大脑中会形成强大的神经回路，把负面情绪和负面行为关联起来。这正如草原上的路，我们走的次数越多，这条路就会变得越深，甚至会形成一条深深的沟，这样我们的惯性就会更强大，改变就会变得更困难。

在亲密关系中，以亲子关系为例，父母都认为自己很爱孩子，但是如果父母内在充满了负面情绪，爱实际上很难实现。例如一个焦虑的妈妈常常对孩子进行管控与指责，但妈妈认为这一切都是为了孩子好，妈妈的意图是没有问题的，而由于过多的焦虑，妈妈会无意识地认为这些焦虑都是孩子引起的，进而通过这些管控和指责来逃避自己的焦虑。一个常常处于愤怒中的父亲，没有意识到自己的愤怒已经成为习惯，也会无意识地将愤怒投射到孩子身上，进而会暴力地对待孩子，还会为自己找借口称"棍棒之下出孝子"。所以，虽然我们很多时候满怀良善、美好的意图，想去关爱身边的人，但负面情绪却让这些爱被埋在更深的地方，身边的人自然也感受不到我们的爱。

压抑不好，放纵不对，如何中道地面对我们的负面情绪呢？前面说过，**让情绪能量像流水一样流经我们的身体这个管道，不滞留，不阻塞**。可是如何做到这一点呢？这就是我们接下来要讨论的内容。

正念情绪管理工具包

认知转化

很多人对情绪是不了解的，甚至还有很多的误解，这导致我们对情绪有很多错误的做法，所以我们首先需要在认知上通过正见来修正这些误解，然后才能基于转化自己的解读，来转化自己的情绪。

1. 自我负责

当我们有情绪生起时，很多人本能地去找一个对象来承担自己的情绪，然后我们开始产生各种强迫性思维，大脑编制了各种版本的故事，结果是不断放大这些情绪。当我们陷入情绪的旋涡时，再去转化就会更加困难。

我们来探讨一下这个情绪产生及放大的过程。首先，当外界的一些感官信息刺激发挥作用时，我们自然而然会产生各种反射型的感受，这些感受就是我们前面提及的反射型情绪，这部分感受是生而为人都会有的，并不需要去转化；其次，这些外界刺激可能还会激活我们身体里储存的记忆型情绪，这些情绪可能会如火山一样爆发，可能产生破坏性，这部分情绪是需要我们转化的；最后，我们会对外界刺激产生各种解读，很多人产生的是强迫性的负面解读，进而产生各种认知型的负面情绪，这部分情绪也是需要我们在当下转化的。

反射型情绪通常只占我们当下情绪的很小一部分，而绝大部分是记忆型及认知型的情绪，后面这两种情绪其实都和外界无关，是我们需要自我负责的部分。

自我负责是情绪管理中极为重要的态度，如果认为情绪都是别人引起的，我们就会致力于改变别人或外部事情，这的确也是很多人努力的方向，但这是一个错误的方向。只有真正看到自己的责任，才能终止情绪放大的循环，并通过一念之转，转化当下的情绪。

洪健是一家大型物流公司的主管，他咨询的主要议题是情绪管理。他称自己在面对领导时常常有很多愤怒和委屈，认为对方常常看不到自己的付出，对自己的工作不满意，甚至两天前在会议上还公开表达对自己在某个项目处理上的不满，他觉得领导很不尊重自己。在交流中，洪健发现不仅仅是在工作中，自己在家里也会常有类似的愤怒及委屈，尤其是面对妻子时，他还举出了几个例子，说明妻子是如何忽略自己的。在认真听完洪健的叙述后，我们一起探讨了他这些情绪的来源。一方面，我协助他意识到这些情绪在他身上的不断累积及循环；另一方面，我们也探讨了情绪ABC理论，并在具体的事件上一起来检查他的解读，洪健对此非常好奇，开始从指向别人到转向自己。几次咨询后，洪健逐渐深入了解到，自己应该对情绪自我负责，才能更容易转化自己的情绪。他最后一次咨询时说："当我可以对情绪自我负责的时候，我在过去一些引发我情绪的事件上变得更有选择权，我渐渐感受到更大的自由，我可以掌控我的情绪了。"

2. 接纳情绪无好坏

这是情绪管理中另一个重要的认知。当我们陷入负面情绪时，很多人不理解情绪无好坏的道理，不喜欢这些负面情绪引发的负面感受，于是会本能地采取一些错误的行为想去快速"消除"这些负面情绪，如通过一些上瘾行为去逃避，或者通过关系中的讨好或指责去转移，这些行为只会强化或抑制负面情绪。当我们意识到情绪只是一股当下生起的能量，并没有好坏之分时，就更容易聚焦于这股能量所引发的感受本身，通过正念观照来让这股能量自然地流动与释放。

3. 情绪不断放大造成的伤害比事件本身造成的伤害更严重

当一件事情发生，引发了我们的负面情绪时，我们很难活在当下，去面对事件本身，而是常常要么活在过去，要么活在未来，而这两种选择都会持续放大我们的情绪，这种情绪不断放大造成的伤害很多时候比事情本身造成的伤害更大，而且在没有觉察的情况下，这种放大是一种强大的自动化习性，很难转化。

例如一个人丢了一个钱包，当发现时，他感到很沮丧，如果能够活在当下，在短暂的沮丧后，这个人很快地处理相关事宜，如挂失信用卡、补办身份证等，那么这件事情就很快过去了。但是很多人可能会不断陷入过度思虑中：一方面可能不断想象过去，如"要是当时我不上那辆公交车就好了""当时我拉好背包的拉链就好了""当时不出门就好了"等，甚至可能会不断自我攻击，如"我怎么这么不小心""我真的好蠢""我总是丢三落四"等；另一方面可能又会陷入对未来的担心中，如"要是有人透支我的信用卡怎么办""这个月可能要借钱度日了""借钱遭别人拒绝怎么办""补办身份证好麻烦呀"等。每一次这样的思虑导致的负面情绪，都好像让我们又丢了一个钱包一样，所以对于这个人来说，他不是丢了一个钱包，而是丢了可能几十或上百个钱包。

4. 一念之转

在认知上突破上述误区之后，剩下的就是通过转念来转化情绪了，这里面有两个困难点。一是要找到这个导致我们情绪的想法，这一步并不容易，因为一些想法常常隐藏在我们的潜意识中，已经形成了自动化的快速反应，很容易被我们忽略，这需要我们有较强的觉察能力；二是找到这个想法之后，还需要打破在这个想法上的执着，尝试寻找其他更多的可能性，这对很多人来说也很困难，因为我们很容易把这个想法默认为唯一的事实而执着不放。转念的具体方法请参阅前面的具体内容。

身体转化

1. 哭泣或抖动等自发行为

我们是伴随着第一声啼哭来到这个世界上的，这声啼哭是我们离开温暖舒适的母体，来到陌生世界的情绪释放。随后在成长的早期，对于孩子来讲，哭泣是转化情绪最简单直接的方法，恐惧、悲伤、紧张等情绪都可以通过哭泣来快速地释放与清理。然而随着我们的继续成长，我们所受的教育越来越不允许我们哭泣，各种限制性的信念，如"哭泣是软弱的表现""男儿有泪不轻弹"等，都会限制我们通过哭泣来转化情绪，于是越来越多的情绪滞留在我们身体里。其实对于成年人，如果还能够哭泣，这将是转化情绪有效的方式。正像一首歌里所唱："我祈祷拥有一颗透明的心灵和会流泪的眼睛。"

抖动是另外一种可以有效释放情绪的自发行为。研究发现，很多动物在避开危险后，最常见的行为就是通过抖动身体来释放残余的恐惧和疲劳情绪。人类其实也保留了这种方式，如不自主的四肢或面部抖动等，很多抖动是我们释放情绪的方式。但遗憾的是，很多限制性的信念限制了我们的情绪转化。

我们的身体其实是非常有智慧的，哭泣或抖动都是身体智慧的自发表现，在环境允许的情况下，我们应该信任和尊重这种身体的智慧，而不是去限制它们。在我们的某些心理疗愈课程里，会通过一些练习，如阴式呼吸，来主动激发身体无意识的活动，激活身体本具的疗愈智慧，来释放我们压抑的情绪，进而达到创伤疗愈的目的。

2. 持续的运动

前面我们谈及野生动物在完成应激反应后，情绪很容易得到充分释放，不会有压抑和残留，这里面很重要的原因是这些动物在攻击或逃跑中通过剧烈运动，消耗了身体里大量的与情绪相关的激素。所以当我们处于负面情绪中时，及时通过一些有氧运动，如跑步、舞蹈等，可以很好地在当下释放情绪。

现代人由于缺乏运动且长期处于各种负面情绪中，身体里的与情绪相关的激素长期处于较高的水平，这反过来让我们很容易被各种外界刺激引发负面情绪，这也是我们记忆型情绪的来源。持续的有氧运动，如跑步、打羽毛球、拳击等，可以降低这些激素的水平，进而清理不断累积的情绪，让我们的身体能够在放松状态下达到新的平衡，这对我们的健康和幸福是至关重要的。身心本来就一直在互相密切影响和互动，身体上的放松对于情绪放松非常重要！

研究表明，从抑郁症患者的康复效果来看，坚持每星期进行三次有氧运动的效果与药物治疗的效果几乎一样，坚持锻炼的抑郁症患者的复发率比仅依靠药物治疗的患者要低很多。诚然，对于深处抑郁中的人来说，动起来并不容易，需要巨大的意志力，然而这确实是必要的，可以给自己制订一个明确的行动计划，寻求家人和朋友的支持，请他们陪伴和督促自己完成计划。

3. 正念练习

情绪管理中最重要、最困难的是回到当下，终止情绪的不断放大及破坏性行为，这就需要我们能够停止强迫性思维，回到身体本身，聚焦于情绪能量的流动与释放，而这需要正念。通过正念创造的觉知力，觉知到我们处于负面情绪里，可以让我们不被负面情绪带走，从而在自己和负面情绪之间创造了一个空间，这个空间的出现非常重要，在这个空间里我们才可以观察情绪的生起、增强、变弱乃至消失的过程，而没有抗拒，只有当这样的变化自然发生时，情绪能量才能够流动而不滞留或失控。

前面的正念呼吸及念头观照练习可以很好地终止强迫性思维，进而终止情绪的放大。下面还有两个正念练习，可以很好地帮我们从身体层面转化情绪。

（1）90秒呼吸法

当我们陷入很大的情绪困扰中时，我们负责解读判断的高级大脑功能已经不起作用了，而是情绪脑或爬行脑控制了我们，这时候我们很容易陷入"攻击或逃跑"的应激反应中。有心理学家做过测试，如果我们能够让自己暂停90秒，那么情绪失控和继续破坏性行为的概率就会大大下降，所以90秒呼吸法的意图就是给我们的情绪及行为叫一个"暂停"！

90秒呼吸法的关键是持续的"深呼吸＋观呼吸"。我们可以留意一下，当我们处于愤怒、恐惧等情绪下时，呼吸通常是又急又快的，这种呼吸本来的目的是便于我们快速启动，保护自己免于危险，是一种古老的保护机制，但现在通常容易让我们情绪失控并启动破坏性行为，所以首先通过深呼吸，让呼吸慢下来，是我们"暂停"的关键。其次是观呼吸，前面的介绍已经让大家明白，不断的负面思维是我们情绪放大的助推器，而观呼吸的意图就是让我们可以暂停这种强迫性的负面思维，当我们把关注点聚焦在呼吸本身时，我们的负面思维就可以暂停下来。

（2）身体扫描

当下情绪生起的时候，我们常常会有两个错误的做法：一是想办法尽快"解决"这个情绪问题，然而这种对抗的努力恰恰会加剧情绪；二是通过各种上瘾行为转移或逃避情绪，这些努力会让情绪压抑回我们的身体。其实情绪只是当下生起的一股能量，此时最高效的方法是"无为"，即不做任何干预，允许这股能量自然释放即可。而身体扫描练习就是让这股情绪能量释放最直接的方法。

情绪和感受就像一个硬币的两面，实际上是一个整体，当我们聚焦于身体上的感受时，不断扫描就是一个情绪释放和净化的过程。当然，这个过程中经常会有不舒服的感受生起，这就需要我们**对各种感受保持平等心，不迎不拒，全然接纳，观照任何情绪生起、变化及消失的自然过程**。同时，长期的正念练习才可以真正提升我们的觉知力，这样的觉知力才能够让我们在情绪风暴到来时，保持清醒和观照，而不被风暴带走和淹没。

身体扫描练习还能不断清理积压的负面情绪，也就是我们的记忆型情绪。这些负面情绪常常都是很长时间不断累积下来的，以至于很多人内在都形成了一个火山一样的情绪库，这个情绪库在悄悄破坏着我们的健康、沟通、专注及效率。清理这个情绪库需要我们长时间的身体扫描练习，发扬愚公移山的精神，一点儿一点儿地清理这座火山。

我们很多人累积情绪的过程，就像是往一堆熊熊燃烧的木材中持续不断地投放新的木材，导致积累的木材

越来越多，火也越来越旺。我们通过正念练习，一方面停止不断投放木材，不再继续累积情绪；另一方面可以加速剩余木材的燃烧，如通过身体扫描练习持续释放累积的情绪，最后所有的木材烧尽，我们的负面情绪之火才能慢慢熄灭，达到最终的平静和喜悦。

4.艺术转化

情绪是一股当下的能量，如果借助于一些艺术表达方式，如绘画、音乐、书写、舞蹈、雕塑等，这股能量就可以在当下很好地流动与释放，而不会被压抑或投射到别人身上，所以艺术疗愈是转化情绪很好的方式。

（1）绘画

当我们处于负面情绪中时，试试拿出纸和笔，让情绪在笔端流淌。绘画是一种投射，可以投射出内心的情绪和需求，你的悲伤、愤怒、焦虑、抑郁等都可以在画中有所体现和释放。在绘画中，颜色的选取、画面的大小、线条的长短和排列、下笔的轻重缓急、使用油墨风格的浓淡都会有差异，而这些都能够反映画者内在的情感状态。你甚至不需要在意你是不是一个专业的画家，在通过绘画转化情绪时，绘画技巧并不重要。我自己从来没有学习过绘画，但在一些通过绘画了解自己和转化情绪的课程中，我也有很好的体验。我自己在带领一些儿童情绪管理的课程中，也常常让孩子们通过绘画来表达内心的情绪和感受,并称之为"内在天气报告"。

(2)音乐

音乐是另一个转化情绪的有效工具。音乐中的旋律、速度、节奏,甚至调式及和声等都有鲜明的情绪色彩,可以和我们的身体形成共振,帮我们释放情绪。柏拉图在《理想国》里曾写道:"音乐比其他任何东西都要强烈,音乐的节奏感、和谐感能深入人的灵魂,音乐可以丰富、照亮、涤荡我们的灵魂。"例如当一个人悲痛时应该听悲痛的音乐,把悲痛的情绪完全释放出来;而一个焦虑或愤怒的人应选择激昂亢奋的音乐,使不安的情绪有所发泄。在音乐的引导下,负面情绪得以释放后,人更容易获得内心的平静。

音乐疗愈在我国有着悠久的历史,根据阴阳五行学说,通过对生活的质朴观察,古人总结出古代五声音阶"角、徵、宫、商、羽",认为其分属"木、火、土、金、水",分别对应人体的五脏"肝、心、脾、肺、肾",并逐渐形成以五音来调节人体机能的音乐治疗,即五声调式养五脏,而五脏和情绪有密切关系。人体的情绪包括喜、怒、忧、思、悲、恐、惊等,又可归为喜、怒、忧、思、恐五种,并分别与五脏对应,其中心主喜,肝主怒,脾主思,肺主忧,肾主恐,所以通过音乐可以很好地调节各类情绪。

（3）书写

自由书写，或者称正念书写，可以联结自己的内在，释放情绪及疗愈创伤。这种书写并非为了完成一个作品，而是自由自在地表达，可以想到哪儿写到哪儿，记录当下出现的任何想法、情绪、感受及意图等，情绪在觉察及书写的过程中，可以被我们看到并转化。

我在海文成长课堂上还曾经做过很有趣的书写尝试，即用我们的惯用手写出一些自己困惑的问题，用我们的非惯用手去书写当下涌现出来的答案，这种方式更容易联结到我们的潜意识，常常会有一些重要的或创造性的发现。

（4）舞蹈

舞蹈，首先是一种运动，当我们处于负面情绪中时，任何让身体动起来的尝试都有助于释放情绪。从动物的自然抖动，到原始人自发的舞蹈，再到现代各种舞动治疗及五律禅舞等，这些都是情绪表达及释放的有效方式。当我们陷入负面情绪中时，我们只需要聚焦于身体本身，不用在意任何的舞蹈技巧，相信身体的智慧，即兴、当下地让身体充分动起来即可。

所有这些艺术手段都是在当下转化和释放情绪，除了上述方式外，大家也可以寻找适合自己的方法，如做手工、唱歌等，我们可以在日常准备一些必要的转化工具，以便在情绪到来的时候，可以及时用上。

5. 及时行动

我们发现很多的负面情绪是在我们空闲下来，陷入强迫性的过度思虑时不断放大产生的，对于没有经过正念训练的人，很难停止这个强大的习性。对此我们给出的建议是及时行动，"Just do it!"。及时行动一方面可以终止过度思虑导致的情绪放大，另一方面可以在行动的过程中产生阶段性的成果，逐步趋近于目标，这也会缓解我们的焦虑和担心等情绪。这就如同我们要搬移一大堆的木头，与其唉声叹气，不如先去搬动其中的一根木头。

回顾我自己的人生经历，我曾经有过很多次在焦虑或恐惧中及时行动的例子。记得有一次滑雪时，我第一次站在一条高难度的黑道边缘，内心有很多的焦虑、担心甚至恐惧，其实在上黑道前我已经评估过我的技术，觉得可以冲击黑道了。我没有给自己过多的时间去继续这些担心，而是选择迅速地滑了下去。后来想想，这个画面也是我人生的一个写照。我自己曾经经历过多次创业和几次大的转型，每次我都会经历焦虑，因为面对未来的不确定会感到茫然。这个画面就像站在一张白纸前想去勾画未来，却不清楚未来是什么，当下能做的就是让自己开始，哪怕随便画些简单的线条。但随着不断地画下去，突然有一天发现，我要画的东西已经逐渐成形。于是我会带着焦虑在新的方向上去行动，如尝试做一些新的学习、交流，甚至是冒险，这个行动的过程中虽然也有焦虑，但焦虑感会逐渐下降，因为不断行动的过程会让新的方向越来越清晰。后来在我的咨询中，不断有来访者聊到自己对未来的焦虑，我也常常会分享自己的这些经历。

关系中的情绪转化

很多负面情绪是在互动中产生的，越是亲密的关系，越容易激发我们的负面情绪。越是亲近的人，往往越容易成为我们负面情绪的出口，因为最安全，虽然我们很不愿意这样。在互动中管理好情绪，是保持良好关系的重要基础。

1. 停止伤害行为

当我们处于负面情绪中时，很容易激活攻击性的应激行为，如抱怨、指责、威胁、谩骂，甚至暴力等，这些行为不仅会伤害他人，而且容易激发别人的反击，进而更加放大我们的情绪。情绪无好坏，行为有善恶，终止这些有伤害性的行为非常重要。但是对很多人来说，负面情绪和负面行为之间形成了强大的惯性，转化起来非常困难，需要强大的觉察力和行动力，这些都需要通过正念练习来提升。

让伤害性的行为停下来，我们可以借助前面的90秒呼吸法，甚至有时候不需要90秒，有意识的几个深呼吸，就可以让我们的自动化反应慢下来或者暂停下来。

2. 有界限地释放情绪

如果通过前面的呼吸调节还是无法转化情绪，我们可以做一些有界限的释放，以不伤害自己及他人为界限。具体的做法包括撕报纸、砸枕头或床垫、哭泣、大叫、拳击、抖动、瑜伽、散步、写日记等，这些行为一方面可以终止我们可能伤害他人的行为，另一方面给自己的情绪一个释放的空间，不会导致情绪压抑进而伤害自己。

我们不建议通过玩手机、吃零食、抽烟、喝酒、网购等方式来转移情绪，这些行为似乎也能够让情绪消失，但实际上只是让生起的情绪重新压抑或转移到身体里，并没有真正的释放，久而久之会形成更多的记忆型情绪。在我们的正念课程中，也经常有学员提问，如何区分自己是在释放情绪，还是在转移情绪。对于这一点，需要我们对自己的身体和感受有较强的觉察力和敏锐度，可以觉察到情绪的释放与否，这也是需要通过正念练习不断提升的能力。当然，有时候为了避免造成更大的伤害，有觉察地选择暂时转移一下情绪也是可以的，毕竟是两害相比取其轻。

3. 情绪的表达与倾诉

在沟通中表达自己的情绪是一种有效转化情绪的方法。表达情绪首先可以帮助我们觉察到自己的情绪，很多人对自己的情绪是无知无觉的。我清楚地记得多年前第一次上海文的心理学课程时，加拿大的厄尼老师告诉我们："有时候仅仅是表达，就可以打破自己的牢笼。"这个牢笼就是我们的想法、情绪及行为之间的自动化循环，这个循环具有强大的惯性，而觉察及表达有助于我们走出这个循环的牢笼。

很多时候我们不知道如何表达情绪，分不清表达情绪和带着情绪去表达之间微妙而重要的区别。表达情绪是尽可能冷静、清晰地告诉对方："我很愤怒""此刻我感到悲伤""我有些焦虑及压力"。这种表达只是告诉对方自己当下真实的情绪状态，对于自己的情绪是自我负责的，需要对方做什么也可以发出邀请。而带着情绪去表达则是充满了抱怨、指责，甚至是攻击，如大声对对方说："你让我很生气""你怎么可以这样对待我""你真的很糟糕，烦死我了"。这种表达是把自己的情绪责任归结为对方而发泄情绪，很容易激发对方的反击，让沟通和关系受到破坏。

当然，如果我们在情绪中很难对当事人冷静地表达，也可以选择向第三方的家人或朋友去倾诉，这也是很好的释放情绪的方式，当我们的情绪平稳下来后，再找机会和当事人沟通与核对。

4.沟通与核对

关系中的情绪问题要靠沟通与核对来深入转化。沟通的重要前提是觉察，即去觉察自己情绪的来源，是自己的记忆型情绪被激活，还是由于自己的认知产生了情绪。如果是自己的记忆型情绪，可以试着去分享自己过去的情绪事件，这种分享很有价值，不但可以释放自己过往及当下的情绪，还有助于彼此更深入的了解，有助于关系的亲密。如果觉察到自己的情绪是认知产生的，可以利用我们前面的情绪ABC理论，分享自己的B，也就是解读或看法是什么。更重要的是，我们需要带着好奇心，去和对方核对，是否同意自己的解读或看法，而同时对方的解读和看法又是什么。这个过程最困难的是放下自己的执着，对对方的看法保持开放。很多人常常执着于自己的想法就是事实，而且通过沟通不断想去证明自己就是对的，这样沟通就会变得很困难。很多时候我们赢得了对错，却失去了关系。

如何面对他人的情绪

面对一个当下充满负面情绪的人是一个重大挑战，因为我们自己容易被激发出同样的负面情绪。我们将此分为两种情况：一种是我们与引发对方情绪的事件或人无关，只是纯粹作为第三方，如何倾听与支持，做好情绪陪护；另一种是我们就是对方情绪的当事人，如何面对对方的负面情绪，这种情况可能会更困难。

要想能够更好地面对他人的负面情绪，首先需要打破我们的一个错误认知，即认为负面情绪是会传染的，我们会不断接受他人的负能量。其实，负面情绪并不会传染给别人，那当我们面对一个处于负面情绪中的人时，为何我们也很容易被感染，这中间发生了什么呢？相信很多人还记得以前我们学习物理课时的共振实验，当一个音叉被敲响，周围的几个音叉中只有一个相同频率的会响起来，这就是"同频共振"。负面情绪的互相感染原理与这一样，因为情绪也是一股能量，当我们面对一个处于负面情绪中的人时，他的负面情绪并没有传染给我们，而只是激活了我们内在相应的记忆型负面情绪，我们与他发生了情绪共振。如果我们内在没有这些对应的负面情绪，就不会被激活以及共振，这也是一些修为很高的人面对任何人时，都能够心平气和的原因。如果我们能够本着自我负责的态度看待情绪共振，当我们内在有一些负面情绪被激活时，我们还可以去觉察和转化这些负面情绪，反而可以给我们一个清理这些累积情绪的机会。

我在个人咨询的过程里，经常有来访者问我如何可以面对这么多人的负面情绪，我是不是会"吸收"很多的"负能量"。我就会给他们解释情绪共振的原理，否则我每个咨询都要吸收这么多的负能量，可能早就撑不住了。在咨询中，我的确会常常面对来访者的各种负面情绪，焦虑、压力、恐惧、抑郁、愤怒等，每当这个时候，我内在也常常能感受到这些情绪，因为这些情绪我也都经历过，这是咨询师的同理心。这些情绪对我来说，来得快去得也快，就像流水一样穿过我的身体，因为多年的正念练习，让我内在的负面情绪已经有了较多的清理。即便是当时有一些负面情绪的残留，当天我也会通过身体扫描等正念练习，做更深度的清理，这也是咨询师自我保护的一部分。

情绪陪护

很多人都或多或少有过情绪失控的时刻，当被情绪掌控时，很容易做出一些伤害自己或他人的行为，尤其是对于一些青春期的孩子更容易如此。此时如果身边有一个可以给出高品质情绪陪护的家人或朋友，将非常有助于这些人走出情绪的旋涡。当然面对一个情绪失控的人是不容易的，就如同面对一个正在坠落的人，下面这些方法有助于我们接住他们。

1. 不评判

面对一个处于情绪崩溃中的人时，我们通常的第一反应就是劝说，劝说对方尽快摆脱这种负面情绪，这样做的前提是我们会习惯性地认为负面情绪都是坏情绪，是所谓的"负能量"，需要尽快摆脱和消除，殊不知对于情绪而言，你越是对抗，它就越强大。这种评判与对抗，让我们很难支持别人，反而会把别人推得更远。要训练这种不评判的能力，首先要提升我们接纳自己各种感受的能力，身体扫描的正念练习可以很好地帮助我们。

2. 不建议

给出建议是我们支持别人最常采用的方法，当然这出自我们的善意，希望帮助别人尽快摆脱困境，然而对于一个情绪崩溃的人来说，给出建议往往不是一个好的选择。前面我们探讨过，情绪崩溃时我们的情绪脑绑架了整个大脑，这时候理智脑往往是不起作用的，所以对于任何建议，情绪崩溃的人是无法听进去的。即使想给建议，也要等到对方情绪平复之后。

3. 适当的身体接触

根据我们与对方关系的远近及当下的情况，适度的身体接触对于稳定对方的情绪会有帮助，诸如注视、握手、扶肩、拥抱等。比如对于一个情绪失控的孩子而言，妈妈的一个拥抱可能胜过千言万语！紧紧握住一个朋友的手，此时无声胜有声。

4. 重复对方的语言或动作

如果不评判，不建议，可能很多人不知道该如何帮助别人了，这时候我们可以选择适度重复对方的语言或动作，这是和对方保持同频的有效方式。重复对方的语言有助于我们站在对方的角度，理解和接纳对方的所思所想；重复对方的动作或身体姿态，有助于我们和对方保持更深的联结,这种联结和支持对于情绪崩溃者来说非常重要。

5. 同理对方的感受

同理一个人,有很多层次,如看到对方看到的,听到对方听到的,想到对方所想的,看到对方更深层的期待、渴望等,最重要的是同理对方的感受,这也是最困难和最重要的部分。最困难是因为我们很多人都不太容易接纳和体验各种负面情绪,这是对支持者最大的挑战,这种能力需要不断训练才能提升;最重要是因为当我们和对方的情绪同频共振时,这双支持别人的手才是最有力的。当然,同理对方的感受,不意味我们要完全陷入对方的感受,这样可能会失去支持他人的能力,所以这个时候需要在同理对方的情绪和保持自己的觉知及稳定之间找到一个平衡。这种平衡能力的培养和提升需要我们日常做好功课,最重要的功课就是自身情绪的释放和清理。**只有当我们自身有一颗平衡、平稳的心,我们才能不容易被其他人的情绪所牵动,才能在关键时刻接住那个正在坠落的人!**下面是学员静安陪护自己孩子的过程分享。

我儿子性格有些急躁,遇到什么事情需要先把情绪发泄出来。我们都知道,解决事情要先解决情绪,但是在做的时候,道理是懂,但未必能做得到。现在有了正念的方法,我会知道怎么处理。按照过往可能我会先跟他讲一大堆道理，但现在我跟他讲"我知道你现在很委屈"。以前我不喜欢他哭，但是老师说哭是一种释放，所以我就让他先释放情绪。我发现他发生了很大的变化，包括他对我的信任和倾诉，我可以了解他内心更多真实的想法。

前天儿子很委屈地哭着回来，我就问他怎么了，他就一直哭，我就说，"你先调整一下情绪，很委屈就先哭一会儿"，然后抱着他。等情绪稍微冷静下来后，他一讲事情还是哭，我就让他继续调整，他就坐在那里，就像我正念练习一样深呼吸，坐了几分钟，他说，"妈妈，我好多了"，我明显感觉他心情变好。然后在讲事情的时候，他觉得好像都没有发生过一样。我觉得他这次变化真的很大。

允许孩子释放情绪，是我最大的一个收获。虽然说上正念课程的时间还不长，但是我能明显感觉到在跟孩子相处，包括在别的事情上，都是有帮助的。

——静安，女，销售总监，33岁

作为当事人如何面对对方的负面情绪

当我们在沟通中面对一个充满愤怒、焦虑等负面情绪的人，甚至会面对他的抱怨、指责、谩骂等负面行为时，要从容地应对就会更有挑战。很多人在这个时候的选择通常是"以牙还牙"，以同样的情绪或行为反击回去，但仔细想想，这样做其实是在用别人的错误惩罚自己，因为自己也陷入了同样的负面情绪和行为。有些人甚至事后还会陷入强迫性的思维反刍，不断想着对方如何伤害了自己，这样就继续放大了自己的负面情绪。

"以牙还牙"式的情绪应对，会不断放大双方的负面情绪，让双方都进入负面情绪及行为的恶性循环。如果能够以比较稳定的情绪面对对方较大的负面情绪，或许可以帮助对方稳定自己的情绪。

当我们面对他人的负面情绪和负面行为时，最为重要的是能够保持一份觉知，对自己想法、情绪的觉知，这样才能避免自己陷入自动化的应激模式，从而对我们的情绪及行为更有选择权。是的，无论面对任何情况，其实我们永远是有选择权的！分享一则与此相关的小故事。

一位年轻人对一位智者产生了不满，所以就当着智者的面，以激烈的言辞，十分气愤地谩骂他。智者静静地听完这位年轻人的谩骂发泄，然后才问他：

"年轻人，当你去拜访你的亲戚的时候，你是不是会带礼物？"

"当然会呀！"

"那如果对方不接受这些礼物，你会怎么办？"

"那还能怎么办，我只能把礼物带回家了。"

"是的，年轻人，现在你把这些谩骂带给我，但我不接受，请你带回去吧！"

"虽然你不接受，但我已经给你了。"

"年轻人，没有我的接受，何来你的给予？"

"那你说说看，什么是接受？什么是给予？什么不是接受？什么不是给予？"

"年轻人，如果你骂我，我反过头来回骂，你对我动怒，我也回过头来对你动怒，你打我，我也回打你，你斗我，我反斗回去，这就是有了接受，也完成了给予。反之，如果不以谩骂回应谩骂，动怒回应动怒，拳头回应拳头，争斗回应争斗，这就没有接受，也成立不了给予。一个真正的勇敢者，不是战胜别人，而是可以控制自己的心，这才是最难赢的战争！"

年轻人深受启发，向智者表达了真诚的歉意。

面对一个处于负面情绪中的人时，我们可能做不到像智者一样心平气和，但至少知道我们可以有多种选择，而不是执着地只是选择"以牙还牙"这一种方式。下面的选择可供参考：

1. 先处理情绪，再解决问题

当留意到双方都处于负面情绪中时，暂停也许是最好的选择，双方可以让自己的情绪都冷静一下，等情绪都平稳了，回头再沟通及解决问题。对于亲密关系，可以在这个问题上提前做出一些约定，约定如何暂停及恢复沟通的具体细节，这是对双方关系的一个保护。

2. 真实地表达情绪

当我们留意到自己被对方的负面行为激发起情绪时，可以选择真实地去表达这种情绪，让对方知道自己的行为产生的影响。前面我们曾讲到尽量不要带着情绪去表达，但是如果我们对当下的意图有觉察,为了终止对方的负面行为及自我保护,也可以有意识地选择带着情绪去表达。

3. 设立界限,保护自己

如果在沟通或关系中,对方不断陷入负面情绪及负面行为,我们也可以通过清晰地表达自己的界限来保护自己,明确告诉对方其行为会带来的结果。如果我们不断面临语言暴力,甚至肢体暴力,我们可以选择求助家人、报警、离开对方或者终止关系等。

4. 沟通与核对

待双方都情绪稳定及有意愿时,可以就之前的情绪事件做一些深入的沟通与核对,重点是确认引发对方情绪的原因是什么,如果确实是由于自己的过失或错误,可以表示真诚的歉意,如果是对方产生了误解,也可以通过澄清及核对来解决。

身体扫描练习

注:身体扫描练习音频

请找个安静的地方坐下来,保持端身正坐,挺直你的脊柱，同时放松你的身体，双手自然地放在身前。准备好这样一个基本的身体姿势后，我邀请你慢慢闭上眼睛，开始我们的练习。

现在我邀请你把注意力放在自己的呼吸上。留意这个当下真实的呼吸状态，留意你此刻的呼吸是长还是短，是轻还是重，透过如实觉察当下的呼吸，把我们带到此时此刻。请留意每一次吸气和呼气，吸气的时候，清晰地知道"我"在吸气，呼气的时候，清晰地知道"我"在呼气。对每一次呼吸都保持了了分明的觉知。

现在我邀请你把注意力放在你头顶的位置，去留意在这个位置上，你能否觉察到有一些感受在生起，也许是一些刺刺的感觉，或者跳动的感觉，热的感觉，不管是什么样的感受生起，你只需要观照它即可。也许在这个位置你没有任何感受，那么把你的注意力放在这个位置上静静地待一会儿。移动你的注意力，到你的头的后部，去留意后边的头皮上有哪些感受在生起，也许是一些痒的感受、微微跳动的感受，不管是什么样的感受，只是去观照它。然后继续移动注意力到你的脸部，去留意脸部有哪些感受在生起，也许是一些跳动、脸皮的紧绷、眼睛有些干痒、鼻子里面气流通过的感觉，或者有风吹过脸庞那种凉凉的感觉，不管是什么样的感受生起，舒服的或者不舒服的感受，你只需要去观照它。

继续移动注意力到你的颈部,看看在脖子这个位置有哪些感受在生起,也许有些发硬、发麻,甚至有一些刺痛。不管是什么样的感受生起,只是静静地观照它。

然后继续移动注意力到你右边的胳膊的位置。你可以从上臂开始,去留意在上臂有哪些感受在生起,发麻、发热或者发凉,又或者是上臂与衣服的接触感,去留意在这个位置所有的感受,然后继续移动注意力到你的前臂,去留意前臂上有哪些感受在生起。然后继续移动注意力到你右手的位置,去留意手指与其他东西的接触感,或者是手指之间的接触感,在右手是否有一些热的或者凉的感受在生起。然后继续移动注意力到你的左臂,左上臂的位置,去留意左上臂上有哪些感受在生起,即便是你无法觉知到任何感受,也在这个位置停留一会儿注意力,然后继续移动注意力到你的左前臂,看看左前臂有哪些感受在生起,然后继续移动到左手、手心、手背、手指,是否有一些热的、出汗的、凉凉的或者接触的感受。

继续移动注意力到你的胸口的位置,去留意在胸口有哪些感受在生起,是否有些堵得慌,或者有些紧张,甚至你可以去留意一下心跳的速度、皮肤与衣服的接触感,无论什么样的感受,只是去观照它。然后继续移动注意力到你的腹部,去留意在腹部有哪些感受在生起。如果有一些不舒服的或者其他的感受在生起,只是全然地观照它。

然后继续移动注意力到你双肩的位置，去留意这个位置是否有一些沉重的感觉、发麻的感觉、木木的感觉，或者其他任何的感受。继续移动注意力到你的背部，背部是否有一些疼痛，酸酸的、胀胀的感觉，不管是任何舒服的或者不舒服的感觉，只是全然地观照它，哪怕是一些非常不舒服的感觉，你也只需要静静地去观照它，当你全然地把注意力放在这些不舒服的感受上的时候，你会逐步留意到这些感受也在不断地变化，哪怕是非常疼痛、发麻，你都会留意到这些感受不停地在变化。然后继续移动注意力到你的腰部，去留意腰部有哪些感受在生起，沉重的、轻盈的、紧绷的、疲劳的，或者没有感受，只是静静地观照。然后继续移动注意力到你的臀部，去留意臀部与椅子或床的接触感、压迫感，肌肉的紧张感，甚至你可以尝试去留意左边的臀部和右边的有没有不同的压力感。

然后继续移动注意力到你右侧的大腿的位置，去留意右侧大腿上所有的感受，拉紧的感受、压迫的感受、肌肉绷紧的感受，留意这个位置所有的感受。然后继续移动到你的小腿的位置，右边的小腿，这个位置是否有一些压迫感、紧绷感或者紧绷引起的疼痛感。如果有疼痛感生起，去留意疼痛的位置，深入地观照，看看疼痛是否有一个中心，可以深入疼痛去观照它，你会发现再粗重的疼痛感都会有变化在发生。继续移动注意力到你右脚的位置，脚面脚底与地面或床的接触感，脚趾上有哪些感觉。然后继续移动注意力到你左侧的大腿的位置，去留意在这个位置上所有的感受，压迫的感受、紧绷的感受、舒服的或不舒服的，只是去观照它。对于那些不舒服的感受，我们只是去观照它，并不希望它马上离开。然后继续移动注意力到左侧小腿的位置，去留意在这个位置上所有的感受，所有的舒服与不舒服的感受，继续移动到左脚的位置，脚底与地面或床的接触感，或者是由于盘坐而带来的压迫感，是否有痛的感受，所有的感受只是去观照它。

如果你还有更多的时间，你可以继续沿着刚才的顺序，从你的左脚、左侧的小腿、左侧的大腿、右脚、右侧的小腿、右侧的大腿，到你的臀部、腰部、背部、双肩、腹部、胸部、左手、左前臂、左上臂、右手、右前臂、右上臂、颈部、脸部、最后回到头顶的位置。沿着这样的顺序继续观照，去留意所有的那些热的、冷的、酸的、麻的、胀的、痛的、紧绷的、压迫的、跳动的感受。对于舒服的感受，我们只是静静地观照它，并不希望它一直持续下去。对于所有那些不舒服的感受，我们也是静静地观照它，并不希望它马上离开。对于所有的感受，我们都"不惧不迎"，以这样的平等心去观照。

这样我们从上到下、从下到上完整地扫描了我们的身体。身体扫描的练习，就到此结束，请大家慢慢张开眼睛，放松一下身体和双腿。

> 你是否体验过无比彻底的停止
> 无比完整地与你的身体在一起
> 无比完整地与你的生命在一起
> 你所知的、所不知的
> 曾经发生的和尚未发生的
> 以及现在的情况
> 都不再使你焦虑或不安
> 那会是一个保持全然临在的时刻，超越努力，超越接纳
> 超越想要逃离、解决问题或勇猛向前的渴望
> 这是全然存在的时刻，独立于时间之外
> 是全然的"看到"，纯粹的感觉
> 在这个时刻，生活如其所是
> 这种"全然存在"深深吸引着你
> 通过你所有的感官
> 通过你所有的回忆和基因
> 通过你的爱
> 欢迎你回家
>
> ——乔恩·卡巴金

颂平常心是道

　　　　　无门慧开禅师

春有百花秋有月
夏有凉风冬有雪
若无闲事挂心头
便是人间好时节

第6章 行为转化：切断苦因

徐璐瑶是一位活泼、开朗的职场白领，经过半年多的学习，系统地完成了我们的正念成长、关系和智慧训练营。她常常在我们的打卡群里分享她的练习心得，激励了自己也鼓舞了他人。这些学员的积极变化是我能够坚持正念项目最大的动力。下面是她的分享。

从去年10月份认识冯老师到现在，已经有大半年的时间了。虽然之前也断断续续练过正念冥想，但这是第一次跟随一位老师系统地学习正念，并真正应用在自己的生活中。我一直是一名心理学爱好者，虽然心理学对我帮助也很大，让我看到了很多事情的缘起，但真正让我在行为上发生巨大转变的则是冯老师带领的正念之旅。

每个人的习气，或者说过往的行为习惯都很深重，不良的行为模式往往很难改善，毕竟那是经过十几年、几十年形成的。有些来源于原生家庭，有些来源于成长过程中环境持续不断的影响。回想我自己，我有一些不良的行为习惯，比如比较"敏感"，容易过度在意别人的评价，由此产生很多不必要的情绪内耗，或者开启"讨好者模式"。我也喜欢用"逃避"的方式处理不良情绪。这些行为模式都已经有十来年之久。通过这大半年跟随冯老师学习正念，特别是最近几个月持续、坚定的练习，我发现自己的行为模式、情绪以及每天的生活都发生了非常大的改变。

首先，我学习到的是接纳的态度。每个人的生活中都面临着各种各样的挑战，想要完全无情绪、无痛苦是不可能的。我会采取正念的态度来对待自己及别人的负面情绪、生活中面临的挑战，以及不如意的事情，对它们都更加接纳。这意味着我不再去否认自己和他人的不良情绪，有时候自己陷入负面旋涡也不会去自责（因为自责只会让事情变得更糟），也更敢于接受挑战以及接纳周围人的负面情绪，尽量不与他人的负面情绪共振。这让我的情绪变得更加平和，以及能自然而然善待周围的人，比如对父母、孩子都生起更多的爱，也让我与别人的关系更加亲密。

其次，我觉得自己学习到的是自我负责。正念的态度教会我，其实我们每一个当下都有选择。如果痛苦来临了，我们可以选择自己应对它们的方式。面对一个不如我所愿的孩子，我们可以选择去指责、去控制，这可能伤害我们的亲子关系。我们也可以选择去看见、去拥抱，去承认孩子是一个独立的生命。当正念的力量足够强的时候，我们就不会被过去的行为模式所控制。当负面情绪如悲伤、恐惧、焦虑、愤怒等生起的时候，我们可以停一停，做几个深呼吸回到当下。我们可以通过正念的方式去觉察、去感知这些情绪背后是什么缘由，以及自己有什么未被满足的需求。我们可以重新选择自己的行为，然后对自己的选择负责。明白了自我负责，会让我把指向他人的手指回自己，我不再抱怨是"别人"或者是"环境"导致了我的痛苦。这让我与周围的人关系更加融洽，而且这会让我更有力量。因为我们不能期望去改变别人，但我们永远都可以改变自己。

再次，我学习到的是活在当下。现在的社会节奏太快，信息过载尤其严重，大部分人都生活在焦虑之中，似乎永远都有新的目标需要去实现。我发现过去的自己常常活在过去或者将来，这体现在对过去发生的事情不断地后悔，以及对将来的、未发生的事情不断地焦虑及恐惧。首先这导致我很多不必要的内耗，其次这让我不能够感受当下的美好。也许我人在做某件事，但心已经不知道去哪里了。这特别可惜，因为其实当下才是我们真正拥有的、需要去体验的全部。学习了正念之后，我会常常觉察，发现心不在当下时，就通过正念呼吸等方式拉回到当下。这让我更加能够感受生活中美好的东西，比如微风、细雨、阳光、鸟鸣、食物的香气、孩子的笑脸。哪怕是平凡的每一天，也有那么多的不同和惊喜值得去发现。这也让我更加感恩生活，感恩自己拥有的一切。这让我的幸福感变得更强。

最后，我想说的是，持续的正念练习并不容易。我从去年10月份到现在，中间也有状态不好的时候，大约有2个月的时间都没有做练习。我体会到，想要拥有正念的力量，只靠书本理论是完全不够的。我认为正念的精髓在于持之以恒的每日修习。在修习正念的过程中，有一个好的导师和一个共修的团体，会带给自己更多的力量。愿每个人都能感受到正念的美好并从中受益。

——徐璐瑶，女，公司高管，32岁

璐瑶通过正念的力量深刻改变了她的一些强大的行为模式，进而影响到自己的关系和生活，这得益于她持续精进的练习。行为转化是我们修行的重点，本章我们将深入探讨行为的意义及转化的方法。

行为的重要性

情绪无好坏，行为有善恶

我先分享一则小故事。

一个宁静的冬日夜晚，一位白发苍苍的印第安老人和他的孙子们一起坐在篝火旁，他要把他的智慧以及他认为孙子们需要知道的东西传授给他们。"在我心里有一场战斗一直在进行，是两只狼之间的战斗，"他说，声音温和但是充满了力量，"一只黑狼代表着愤怒、嫉妒、伤心、后悔、贪婪、自负、自怜、罪恶、怨恨、自卑、谎言、妄自尊大、竞争、优越感。"祖父稍微安静了一下，让他的孙子们慢慢处理这些信息，然后继续说道："另一只白狼代表着快乐、平静、爱、希望、安详、谦虚、善良、仁慈、同情、慷慨、真诚、热情、合作。"他看着孩子们，与他们一个一个地对视："这场战斗同样也发生在你们身上，每个人身上都有。"这时，祖父陷入了深深的沉默，他的眼睛在火光的照耀下炯炯发光。他慢慢抬头，最后看向繁星点点的天空。没有哪个孩子打断祖父的沉默，因为他们知道，祖父有能力进入自己的内心，也能够穿过世界的面纱，进入别的世界。沉默就像湖水的涟漪，慢慢扩散开来。直到最后，有一个孩子——最小的那个，他还那么天真，不像别的孩子那样有足够的耐心——他实在忍不住了，"但是，祖父，"这个孩子终于脱口而出，"最后哪只狼胜利了呢？哪只呀？"祖父将目光移到了这个孩子的脸上，耸耸肩，温和地说道："你不断喂养的那只狼最终胜利了。"

这则故事里的黑狼和白狼代表的就是我们善恶的行为，行为对于我们的生命有着重要的意义，我们常说行为决定习惯，习惯决定性格，性格决定命运。

情绪无好坏，这是我们前面不断强调的观点。很多人之所以容易把很多情绪视为坏情绪，包括上面的故事中对于黑狼的描述很多也是代表情绪的词语，如愤怒、伤心等，是因为我们常常把情绪与行为混在一起，认为坏的情绪一定导致坏的行为，比如愤怒一定会导致攻击行为。实际上并非如此。情绪只是当下生起的一股能量，即使是所谓的负面情绪，对我们也是重要的提醒信号，这股能量如果能够自然流动及释放，就不会对我们产生负面影响。但是，对很多人来讲，负面情绪导致负面行为是一个强大的自动化反应，发生得太快，以至于很多人无法将两者分开。我们前面探讨情绪管理的主要意图就是分开情绪与行为。

情绪无好坏，但行为有善恶，善恶的标准就是是否伤害了自己或他人。有些行为压抑了负面情绪，如讨好、超理智等，这会伤害我们自己的身心健康；有些行为表面上看释放了自己的情绪，如指责、抱怨、暴力等，但伤害了别人，最后还会反噬自己。更为重要的是，这些行为的逐渐累积会形成强大的行为习惯，逐步控制我们的生活，进而决定我们未来的命运。

行为是果，更重要的是因

在前面的认知行为模型中，行为表面上看是一个结果，是感官知觉、思维及情绪综合作用导致的结果。但同时行为也是很重要的因，认知行为循环中，行为又最终指向感官知觉，也就是说我们如何感知这个世界是和我们过去的行为密切相关的。

我们前面探讨感官知觉的原理时曾经说到，我们感知的这个世界是大脑产生的图像，其实也就是大脑中复杂的神经回路所创造的投影，而这些神经回路就是我们过去行为累积的结果。

为了便于大家理解行为与神经回路之间的关系，我们科普一些神经科学的基本知识。我们的大脑中有很多神经元，这些神经元之间互相连接形成了极其复杂的神经回路，我们的每一个行为都会被记录在这样的神经回路中。当行为发生时，电流就会沿着相应的神经回路传递，这些神经回路的神经髓鞘开始进一步形成。神经髓鞘是包围在神经元周围的一层膜，起着绝缘的作用，保护神经元传递信号时不会互相干扰，就像电线外面的绝缘层一样。当行为不断重复时，神经回路的神经髓鞘就会越来越厚，神经纤维之间的隔离效果越来越好，神经信号传播的速度越来越快，这个神经回路就会越来越强大。这样我们就从开始的慢速行为，逐渐变成不太需要思考的中速行为，最后演变为自动化的快速行为，这个过程的神经基础就是这些不断强化的神经回路。

相信很多人都还记得自己学习骑自行车的过程，从我们开始时的小心翼翼、胆战心惊，到逐步熟练，再到最后完全轻松自在的自动化过程，我们大脑中神经回路的构建就经历了这个逐步强大的过程。这些强大的神经回路一旦形成，改变起来将会非常困难。有人曾经做过这样一个实验，把我们的自行车做了一个简单的改装，就是在车把转向的位置加装了一个齿轮组。通常我们骑自行车时都是将车把转向左边时，车辆的方向就左转，转向右边时车辆就右转，经过改装后就与上面正好相反，即车把左转时车辆往右转，车把右转时车辆往左转。这样的改装看上去很简单，很多人都认为自己很容易适应，简单练习一下就可以正常骑行了。然而实验的结果出乎大家的意料，实验者开始骑行不到3米就会摔倒，多次尝试后仍是如此。于是有人继续尝试看看到底需要多久才能改变原来的习惯，最终的结论让大家很吃惊，8个月后才能勉强骑行几十米。由此可见，我们想改变强大的行为习惯是多么困难！

行为决定命运

我们的每一个行为都在重塑着大脑里的神经回路，神经回路又决定了我们当下的所看、所听、所闻、所尝、所触、所想、所感，甚至所行，所以过去的所有行为成就了当下的我们，而我们当下的每个行为又在塑造我们的未来。这个逻辑表面上表明我们的过去决定了我们的未来，很像是"宿命论"。如果我们跟随自己的习性，的确无法掌握我们未来的命运，然而我们不要忽略了每个当下的价值，因为当我们通过正念不断提升觉知力的时候，每个当下我们就可以不被自己的习性掌控，更有选择权，去选择有助于未来命运的行为。所以，**正念让每个当下都变得很有意义，就是这样一个一个有选择的当下，决定了我们未来的命运。**

有些行为对我们未来的影响较弱，有些则较强，既取决于这些行为的善恶属性，也取决于这些行为的重复程度。有人用三种比喻来形容不同行为产生的影响：一种影响如同在水面上划出一条线，很快就会消失；另一种如同在沙滩上划出一条线，过一会儿才会消失；还有些行为的影响如同我们在石头上刻出深深的沟，要很长时间才会消失。

行为的善恶属性则更影响着我们生命的走向，也就是我们到底是在喂养黑狼还是白狼。佛陀说过，我们生命的走向可以分为如下四类：

一是从黑暗走向黑暗，这类人的起点较差，生存环境恶劣，同时又不断地纵容自己，结果导致更糟糕的命运。

二是从黑暗走向光明，这类人虽然起点低，自身条件差，但不断地刻苦努力，修身养性，防微杜渐，逐渐走向了光明的未来。

三是从光明走向黑暗，这类人出身很好，生存环境优异，但自我放纵，沉沦堕落，结果打烂了一副好牌，命运越来越糟糕。

四是从光明走向光明，这类人起点高，自身条件好，同时又能不断提升自己，严于律己，结果走向了更加光明的未来。

我们日常讲到的修行，其实落脚点是不断修正我们的行为，正所谓"诸恶莫作，众善奉行"。在此分享历史上一个真实的故事，来说明行为是如何改变我们的命运的。

明朝有个人叫袁了凡，曾经遇到一个算命很准的孔先生，他预测的袁了凡未来的事情全部得到了验证。当时袁了凡心里就有了一种"顺天应命"的人生态度，觉得人的一生全部都是注定的，所以随它去，自己也不去努力。

有一年，他去拜访一位名叫云谷的禅师。云谷禅师对他说："你知道吗，命运是可以改变的。修养内心，转化行为，就可以改变命运。"并跟他说了很多过去的经典。

袁了凡告诉禅师，按算命的说法，他自己考不上进士，没有儿子，而且只能活到53岁。

云谷禅师问："你自己想一想，你可以考上进士吗？应该有儿子吗？能长寿吗？"

袁了凡想了很久，说"不应该"，并承认他自己有很多缺点，比如性格急躁，心胸不够开阔，不能容忍别人，有时还仗着自己的聪明打压别人，非常任性，说话不注意，脾气不好，冷漠，喜欢喝酒，经常不睡觉彻夜玩，不保养身体，等等。他认为这些都说明自己不太约束行为，也不应该有更好的人生。

云谷禅师说："孔先生算你不登科第、不生儿子、不能长寿，这是你行为的自然结果，但这是可以改变的。你只要尽力去做善事，聚集自己所作之福气，哪里会得不到享受呢？《易经》说'积善之家必有余庆，积不善之家必有余殃'；《周书》也说'无命无常，修德为要'，意思就是说一个人没有很长的寿命、没有很好的福分，如果修自己的德，可以延长寿命，可以让家里变得很富有。古人不欺人。所有幸福都是我们自己求得的。祸福不是天掌握，也不一定完全是天注定的，一定要靠自己去改变。"

袁了凡就开始忏悔自己。他原号学海，从这一天起就改号为"了凡"。因明"了"立命的道理，不愿再堕落"凡"尘当中，所以叫"了凡"。并且他说要做三千件善事，以改变自己的命运。

云谷禅师给他一个功德本，让他每天记录自己做过的事情。从那天起，袁了凡每天都提醒着自己不放任。多年以后，袁了凡的命运改变了，不仅儿孙满堂，而且功名满满，是历史上少有的"文理全才"，还活到了74岁，这在当时已是长寿了。

行为就是身口意

心理学对行为的定义是：受内外部刺激而表现出来的活动。行为可以分为外显行为和内在行为：外显行为是可以被他人直接观察到的行为,如言谈举止;内在行为则是不能被他人直接观察到的行为,如意识、思维活动等,即通常所说的心理活动。

行为还可以用身、口、意来描述,也就是指我们的外在举止、语言及心理上的意图。

外在的语言及行为有明显的善恶属性,大家比较容易理解与接受这种说法,因为你的不良语言及行为会对别人产生伤害,进而会破坏关系,反过来也会伤害自己。很多人不太理解内心的想法、意图等没有表现出来的起心动念也叫行为,也有善恶属性,大家似乎不太容易接受这种说法。因为从法律及道德的角度,只有表现出来的外在行为,我们才能予以评价或实施制裁,而人内心的恶念是无人能够管控的。

然而,起心动念才是我们更重要的修行之处。一方面当我们内在有恶念生起时,虽然对其他人没有外在影响,但其实我们自己首先会受影响,我们内心的平静会被打破,甚至会感到紧张、怨恨、愤怒等,其实首先我们自己是受到伤害的;另一方面我们外在的行为是受我们的起心动念来推动的,一次次恶念的不断叠加,力量逐渐加强,才最终导致了我们外在的不良行为。

从神经科学的角度来讲,每一次起心动念的神经回路与我们实际做出来行为的神经回路有相似之处,所以每一次起心动念也是在强化我们的神经回路，当这些神经回路越来越强大时，我们就更容易表现出外在行为。

体育界著名的"想象训练法"运用的就是这个原理。当运动员们不能参加正常训练的时候，就让他们不断地在大脑中一遍一遍地过所有动作的技术细节，设想在比赛当中各种情况的处理办法。这种想象训练法实际使用之后，效果出人意料地好。那些因为受伤耽误了训练的运动员，在正式比赛里的表现，甚至比那些全程进行实地训练的运动员还要好。脑神经科学家的研究发现，同样一个动作，不管你是真正去做，还是只是在大脑里想象地去做，都会激活同一个脑区，也就是初级运动皮层。当你反复在大脑里想象同一个动作的时候，你的大脑就会形成新的神经回路。这个动作你想象得越清晰、越准确，大脑里形成的神经回路就越稳固，当你真正去做这些动作的时候，也就会更加精准。

行为的驱动力

想要转化我们的行为，就要去探讨行为背后的驱动力，只有弱化那些来自情绪脑的隐蔽而强大的驱动力，提升理智脑的力量，才可能有效地转化强大的行为模式。

思维驱动

思维驱动就是我们熟悉的想法、意志、理性来驱动行为，也就是"我想做什么就做什么"。大脑是驱动我们行为的核心器官，按照我们前面提到的三脑理论，思维驱动来自我们的大脑皮层，也就是理智脑的驱动。虽然我们都认同理性的价值，但我们也必须看到，理智脑相对于情绪脑和爬行脑，其反应速度及优先级都处于最后一位，所以思维驱动的力量并不强大，尤其是在面对强烈的情绪刺激及危险时，理性更显得很脆弱，这也是我们很多人在负面行为面前很无力的深层原因。

虽然笛卡儿在很早就提出了"我思故我在"，但人类是否有自由意志一直存有争议。有科学家想用实验的方法进行科学证明，其中本杰明·利贝（Benjamin Libet）的神经科学实验就是非常著名的一个。

实验参与者被要求记住他们有意识地感觉到自己想要弯曲手腕的意向或者欲望的准确时间。实验参与者的头颅上戴有测量脑电图的仪器，通过测量大脑中的电流分布来测量大脑的哪个部分最活跃。实验参与者的手臂上也戴着测量手腕弯曲时的肌肉运动的仪器。虽然利贝反复提醒他的实验参与者们要让想弯曲手腕的欲望随性地发生而不要事先计划这件事的发生，但是他发现实验参与者的大脑活动在肌肉开始运动之前535毫秒时发生。另外，实验参与者有意识地感受到他们想弯曲手腕的意向、欲望或者说决定的时间发生在肌肉运动的 204 毫秒之前。换句话说,在肌肉爆发之前 204 毫秒的时候,实验参与者才有意识地感受到他们决定弯曲手腕的"自由意志"。利贝认为,实验结果表明,弯曲手腕的决定是在手腕肌肉运动之前 535 毫秒的时候由大脑无意识感受地做出的,这发生在实验参与者有意识地感受到他们(大脑的)决定的 331 毫秒之前,自由意志在这里并不存在!

在上述实验中,我们认为实验参与者提前 331 毫秒做出反应的是大脑中优先级更高及反应速度更快的情绪脑和爬行脑,这是我们的无意识状态。相对于这种强大的无意识状态,我们的自由意志是很有限的。

那么我们能否通过训练来提升我们思维驱动行为的能力呢?答案是可以的,正念就是很好的训练方法。2011 年,麻省总医院(Massachusetts General Hospital)和哈佛医学院(Harvard Medical School)的研究者们用功能磁共振成像(fMRI)研究了正念冥想给大脑带来的改变,结果表明:实验参与者的大脑皮层增厚,大脑皮层和思考、决策、判断等有直接关系;同时杏仁核变小,杏仁核和压力下的身体反应有直接关系,如果杏仁核被过度启用,会影响大脑皮层的决策与思考,还会影响和记忆相关的海马体的功能。这两方面的改变可以增强我们运用意志和理性来驱动行为的能力。

正向驱动

正向驱动就是受正向情绪或感受驱动,就是我们"趋乐"的习性,这类情绪或感受包括快乐、兴奋、愉悦、刺激等,受这类情绪驱动的行为如性行为、抽烟喝酒、吃零食、打游戏、刷短视频、过度购物等。正向情绪与一些激素和神经递质的分泌与释放有关,常见的快乐激素包括多巴胺、血清素、催产素、内啡肽等。追求快乐是人的本能,可以提升生存优势,例如性愉悦有助于繁衍,兴奋情绪可以让原始人更专注于狩猎。正向驱动主要发生在情绪脑中。

负向驱动

负向驱动就是受负向情绪或感受驱动,这类情绪或感受包括恐惧、焦虑、压力、愤怒、悲伤、紧张、担心等,这些负向情绪都是应激情绪,引发的行为也是应激行为。负向驱动主要发生在爬行脑和情绪脑中,相对于前面的思维驱动及正向驱动,负向驱动的反应速度最快,优先级最高。毕竟相对于追求快乐,**逃避危险会更加重要,例如在你面前同时有一盘美味的甜品和一条准备攻击你的眼镜蛇,相信你第一时间会迅速逃跑。**

负向驱动也和一些应激激素的分泌有关。应激反应时最先分泌的是肾上腺素,肾上腺素分泌后就会导致身体分泌一系列其他激素，比较多的是糖皮质激素，这种激素的分泌可以短期内提高血液中的血糖水平，但在应激反应后，血液内的血糖水平会逐渐恢复正常。这些激素的主要作用就是提升应激行为的活动能力，如加快反应速度、加强力量等。

趋乐避苦是人类强大的习性反应，在这么强大的力量面前，理性的力量是很有限的，这也是前面我们探讨的人的自由意志很薄弱的原因。而对于"趋乐"和"避苦"两种力量，"避苦"的力量要强于"趋乐"，所以很多表面上看是为了"趋乐"的一些上瘾行为，更深层的驱动力来自"避苦"。例如烟瘾、酒瘾，表面上看是为了追求抽烟喝酒带来的愉悦，但更深层的原因是逃避没有抽烟和喝酒之前出现的那些焦虑、压力和烦躁等负面情绪。一些表面上看是积极情绪（如爱与关怀等）驱动的亲子或亲密关系中的行为，更深层的驱动力可能是自己对对方的担心和焦虑，所以才会出现指责、控制等行为。

曦月是一个单亲妈妈，主要来咨询亲子议题。儿子现在正值青春叛逆期，两人关系非常糟糕，基本没有沟通。她回顾称，由于自己是单亲妈妈，一直比较焦虑，担心孩子的成长会受影响，所以付出了很多的心血来管教孩子。小时候孩子对自己言听计从，让自己挺欣慰，但随着孩子的成长，孩子的叛逆心越来越强，越来越难以管教，在很多事情上都对抗自己。她举例称，孩子刚刚转入一所新学校，而其他同学之间已经比较熟悉，自己很担心孩子无法融入新环境。几天前孩子收到一个同学的生日会邀请，她自己觉得参加生日会是一个很好的融入集体的机会，极力要求孩子参加，还说自己会帮忙准备好礼物，但孩子的态度很坚决，就是不去。她很焦虑，于是开始苦口婆心，甚至威逼利诱，但孩子干脆关上门完全不听，这让她感到很挫败，进而脑补出更多孩子被孤立、成绩下降、自闭萎靡等场景，于是再次威胁孩子，如果他不去，自己将不给孩子零花钱，两人发生了激烈的冲突，孩子最后摔门而去。

我邀请曦月反思自己的行为，她逐步意识到自己对孩子有很多的控制和要求，但她称自己也是关爱孩子，希望孩子有一个好的未来，我充分肯定了她的意图，以一个父亲的角度同理她的感受。同时继续邀请曦月反思这些控制和要求等行为背后的驱动力，是否是自己的焦虑和担心，她同意，并逐步意识到正是自己的这些情绪，推动了自己要掌控孩子的行为。然后，我们继续探讨了如何表达自己的情绪及需求，如何发出邀请而不是命令，如何接纳与尊重孩子自己的选择。

第二次咨询中，曦月称自己与孩子就生日会事件做了较好的沟通，在她放下了自己的期待与要求后，孩子也表达了自己的想法，说自己是因为很不喜欢另外一个被邀请的同学才不去，曦月也表达了自己的想法及担心，但最终尊重了孩子自己的决定。

负面行为模式

从前面的分析我们可以看出，负面情绪是我们负面行为最重要的推动力。人类最古老的应激情绪就是恐惧，现在很多的负面情绪，如焦虑、压力、紧张、担心、愤怒等，都是恐惧情绪的变形。恐惧导致的应激行为主要有攻击、逃跑和僵死，我们很多的负面行为也是由这几种应激行为演变而来的。根据行为与情绪的关系，我们将负面行为分为攻击型、压抑型、转移型及被动攻击型四种类型。

攻击型

攻击型行为主要指指责、抱怨、控制、暴力等，这类行为是在发泄自己的负面情绪，驱动这类行为的主要情绪有愤怒、烦躁、焦虑、压力等。

与这类行为相关的语言有"都是你的错""你怎么总是如此""你必须要……""你真的很蠢"等。

人们表现出这类行为时，常常以自我为中心，眼里没有他人。

这类行为表面上看一时发泄了负面情绪，但会严重破坏关系，很可能导致其他人的反击，进而持续加剧自己的负面情绪，形成恶性循环；同时这类行为还会导致自己出现各类身心问题，如高血压、心血管疾病、肌肉紧张/背痛、肝病等。

攻击型行为虽然给关系和健康带来了负面影响，但我们需要看到的是，每种行为模式也都有其价值，都会在人生的某个阶段对我们产生积极作用。合理运用这类行为有助于我们保护我们的界限，表达我们的需求，有这类行为的人常常比较有力量、坚定顽强、自我价值感强、有领导能力。

压抑型

压抑型行为主要指讨好、依赖、讲道理、合理化等，这类行为是在压制或忽略自己的负面情绪，驱动这类行为的主要情绪有恐惧、委屈、担心、受伤、焦虑、无力、悲伤等。

与这类行为相关的语言有"都是我的错""你总是对的""没事，没事""没有你我可怎么办"等。

这类行为中的讨好是以他人为核心，常常忽略自己的情绪和需求；只讲道理，既忽略他人，又忽略自己的情绪，只是聚焦于从头脑层面说服他人。

压抑型的人由于常常忽略自己的情绪，时间久了容易导致情绪的爆发，进而破坏关系；同时情绪压抑也会给自己带来很多身心挑战，如肠胃问题、偏头痛、哮喘、抑郁，增加癌症风险，等等。

压抑型的人也常常有一些优点，如人际关系较好、逻辑理性较强、注意细节、解决问题能力强等。

转移型

转移型行为主要指各类上瘾行为,包括物质上瘾和行为上瘾,物质上瘾如对食品、药物、烟酒等上瘾,行为上瘾包括对打游戏、玩手机、购物、极限运动等上瘾。这类行为是通过在上瘾行为中获取兴奋、激动、快乐等正向情绪来转移和逃避自己的负面情绪,驱动这类行为的主要负面情绪有压力、焦虑、紧张、倦怠等。

转移型行为只是用暂时性的快乐代替负面情绪的痛苦,好像这样可以快速缓解痛苦,且这种转移是很多人无意识的本能反应,具有隐蔽性,但这种转移并没有真正让负面情绪和感受消失,只是把它们暂时压制回我们的身体里,或者进入更深的潜意识。久而久之,这些负面情绪和感受越积越多,就会像火山一样,一旦爆发就会形成更大的破坏性,或者破坏关系,或者影响我们的健康。所以弗洛伊德说过:"那些没有表达的情绪永远不会消亡,它们只是被活埋,并且将来会以更加丑陋的方式涌现出来。"

对于这些转移型的上瘾行为,很多人知道它们会伤害我们的身心,但又无力转化,所以容易抗拒转化,甚至伴随着羞愧与内疚,这种抗拒会加大我们转化的难度。实际上,上瘾行为也是防御模式,也有其积极的作用。一方面可以暂时缓解我们的痛苦,另一方面如果深入觉察和探索，可以帮助我们看到我们更深层的需求。接纳这些行为，与它们和解，这更有助于我们的转化。

被动攻击型

被动攻击也叫隐性攻击，即用消极的、恶劣的、隐蔽的方式发泄自己的不满情绪，以此来攻击令自己不满意的人或事，例如拖延、迟到、违约、隐蔽破坏等"消极抵抗"的行为，其攻击对象常常是权威或关系亲密的人，驱动这类行为的负面情绪主要有恐惧、愤怒、嫉妒、焦虑、委屈、自卑、无力、不满、愧疚等。

被动攻击是间接而非直接表达负面情绪的方式。这类行为委屈了自己，但又不完全委屈自己；攻击了别人，但又不是明显的攻击。所以这类行为既伤害了自己，又伤害了别人，但可能双方都没有太觉察到。这类行为不像前面的几种行为那样很容易理解，为了帮助大家更好地识别被动攻击，我们给出一些具体的例子：

- 答应和你一起去看电影，结果却迟到了很久，让你感到非常生气，但又用很多理由告诉你你不应该生气。
- 说你的新包很好看，然后强调他的包是在国外买的名牌，很贵。
- 明显是他犯的一个错误，却要撒个谎来掩盖。

- 开会的时候说你的方案很好,结果私下和同事讨论你的方案有哪些不足。
- 明明是他爽约了,却抱怨和你的约定耽误了他的工作。
- 一方面说他是为了你好,但又说出一些恶毒的话。
- 一直在催你,说这次聚会非常重要,让你一定要好好打扮自己。
- 用切断沟通或沉默来回应你提出的问题。

被动攻击者早期常常生活在强势且控制欲强的父母或其他权威身边,导致无法表达自己的想法和负面情绪,只能采取这种隐蔽的行为来表达,然后这种模式逐渐被带入后面的职场或亲密关系中,所以被动攻击可以说是弱者的防御武器。这类行为对自己和对方都有伤害:对于自己来说由于压抑了情绪,这些累积的情绪会危害自己的身心健康,甚至到最后导致自伤或自杀的极端行为;而对于对方来说,这些行为会让对方感受到挫败、无力及内疚等,甚至无法反击你的这些行为,因而关系最后会受到伤害。

被动攻击行为也有一定的好处,至少可以避免直接攻击行为带来的危险及恐惧,维持了关系暂时的和谐,同时被动攻击行为也是被动攻击者释放自己压抑的情绪的一种隐蔽方式，否则这些压抑的情绪只能用来攻击自己了。当然我们不认为这是最好的方法，如果被动攻击者学会如何表达、释放及清理自己的负面情绪，就不需要用这种隐性攻击的方式来表达了。被动攻击者虽然常常和周围的人"对着干"，但这类人通常都是比较有主见的，较为独立，能够单独胜任重要的工作。

行为转化工具包

一个行为模式的形成通常需要很长时间以及很多次的重复，这个行为模式会有巨大的惯性，而且在我们的大脑里形成了强大的神经回路，这使得行为转化实际上非常困难，有些人试图通过意志力去完成，但最终发现常常失败。这里我给大家介绍一个系统的行为模式转化方法，此方法来自加拿大海文学院，海文学院的两位创始人麦基卓和黄焕祥先生在其著作《懂得生命》中，将此方法视为自我疼惜的工具。我们将其与正念相结合，用于转化我们的行为模式。此方法一共有六个步骤，我们简称为1B+5A，B和A是六个转化步骤英文单词的第一个字母。这个方法的每一步都需要正念觉知的力量，帮助我们打破自动化习性，在当下做出新的选择。下面我们来了解一下具体的步骤。

1. 呼吸

当我们的某种行为模式启动时，常常表明我们活在了过去，这种行为模式是过去习性的延续，只不过这种自动化的反应极其快速，我们通常意识不到就已经发生了。为了终止这个快速的反应，我们需要通过正念唤醒活在当下的力量，而正念所提升的觉知力就是起这个作用。要唤醒这种力量，觉知呼吸是简单而有效的方法，因为每一次呼吸都是在当下真实发生的。**当我们留意到即将陷入某个熟悉的行为中时，我们可以有意地集中注意力在呼吸上，持续一会儿，这等于给我们的自动化反应按下一个暂停键。**

很多负面行为都是一种应激反应，我们留意一下应激反应时的呼吸，会发现这时的呼吸通常都是短而浅的。如果我们通过觉知呼吸回到当下的力量还不够，我们还可以有意识地做几次深呼吸，这种深入而饱满的呼吸可以加大我们暂停的力量。

日常我们的呼吸都是自动进行的，我们很少有意识地去留意。当我们有意识地专注在呼吸上时，觉知的力量就会生起，所以有人说："当你意识到呼吸时，你的呼吸就从自动挡变成了手动挡。"这种力量会让我们对自己当下的行为保持清醒和更有选择权。下面以我自己转化我的讨好行为模式为例，具体阐述 1B+5A 的每一步是如何发生的：

当我意识到自己又要陷入讨好的行为模式（这种行为模式可能发生在亲密关系、社交关系、职场关系等诸多关系中）中时，如过于重视别人的需求、忽视自己的需求和选择权、无法表达不舒服的感受、违心称赞他人、逃避冲突和矛盾、无法拒绝别人的要求等，我会尝试先做几次深呼吸，然后观照一会儿呼吸，让我的行为先慢下来。

2. 觉察

觉察就是在当下去探索驱动这个行为的内在身心过程，以及这个行为模式是如何形成的，其背景及根源是什么。转化行为模式之所以困难，就是因为驱动行为的内在过程非常快速而隐蔽，在我们的潜意识中自动化地高速运行。觉察的意图是把驱动行为的过程放慢，并且进入我们的意识层面，然后我们才可能找到转化的突破口。

觉察可以首先从我们当下的情绪和感受开始，这是行为最主要的驱动力，尤其是当下我们有哪些负面情绪，可能是焦虑、恐惧、愤怒等，以及由此引发的身体上的各种不舒服。当觉察到这些后，可以运用正念观呼吸或身体扫描尝试与这些负面情绪相处，让这些负面情绪的能量有一个逐步消退的过程，这样也能阻断情绪与行为之间的快速关联。当然，某些上瘾行为的驱动力包括兴奋、愉悦等正面情绪，我们同样也可以尝试去观照这些抓取正面情绪的冲动，试着安住在这样的情绪中而不是马上满足。觉察感受时还可以去留意，这些感受是不是自己非常熟悉的，在过去是不是也经常出现，最早出现大概是在什么时候，探索这些有助于我们后面去了解行为的根源及背景。

其次是觉察当下的各种想法、意图、信条及观念等。有些意图直接在驱动我们的行为，如"我想要（做）……""我不想要（做）……"；有些想法在不断制造及放大我们当下的负面情绪，如"对方不喜欢我""他一定会攻击我""我现在的表现很糟糕"等；有些信条和观念可能是我们很底层的想法，在我们的潜意识中默默运作着，如"我不够好""我总是把事情搞砸""我是个失败者"等。当留意到这些想法时，我们可以运用正念观照这些念头，分清它们只是我们的想法，并非事实，只是我们在这个当下编造的故事而已，并尝试和这些想法拉开距离，甚至可以观照这些想法像云一样飘过来，也会飘走，这样我们就会逐渐从这些想法的操控中把自己解放出来。同时，我们还可以去觉察这些想法是不是过去也常常出现，最早出现大概是什么时候，帮助自己了解这些想法出现的背景。

我们还可以继续觉察当下是什么触发了"我"的这

些想法、感受和行为，"我"听到、看到、闻到、尝到或触到了什么，这些场景在过去是不是也出现过，最早出现是在什么时候，"我"是不是经常会被这些类似的东西触发这些行为。

当上述觉察对象逐渐清晰后，我们就对自己的行为模式有了更加深入的了解。当然这个过程不是一蹴而就的，可能是一个长期的过程，有时就像剥洋葱一样一层层打开，逐步深入到我们记忆和意识的底层。下面继续以我对自己讨好模式的觉察为例，看看我有哪些发现。

当我即将陷入讨好行为时，我留意到当下的感受常常是恐惧和焦虑的，身体会很紧张，呼吸会短而急促，心跳会加快。我内在的声音有："可能会有冲突""如果我拒绝他，我们的关系可能受破坏""如果继续沟通，可能会更麻烦，不如答应他算了"等。这些常常发生在对方要求或强迫我做一些事情时，或者有发生争执或冲突的危险时，我就会本能地选择一些讨好的行为去应对。

进一步觉察，我发现这些感受、想法和场景我很熟悉，过去很多时候都出现过类似的情景，尤其是面对权威和亲近的关系时尤为如此。追溯到更早期，我觉察到我在童年也常常处于焦虑和恐惧的状态，父母之间常常会发生一些冲突，在他们的争吵中，我自己是充满恐惧和担心的，担心他们会互相伤害，甚至离婚。于是我最常采用的方式就是讨好他们，希望以我的讨好来缓解他们的冲突。同时，我的妈妈是一个相对强势与控制欲强的人，我在与她的互动中，也会常常采用讨好的方式来应对。而这些觉察，是在我从事心理学行业后，通过一些反思、个案分析等才逐步意识到的。

3. 承认

觉察到自己行为模式的身心过程及其根源后，我们可以先向自己承认，也可以选择向行为对象、好朋友或家人去承认。承认可以巩固和强化我们的觉察，让更多潜意识里的东西更清晰地浮现到意识层面，甚至在沟通及承认的过程中我们会有更多的发现。**"有时候仅仅是表达就可以打破自己的牢笼"**，承认可以帮助我们看清行为枷锁带给我们的束缚，还可以让我们获取他人的接纳和支持，邀请他人见证、鼓励和协助我们转化这些模式。

承认还有一个重要的意图是让我们对自己的行为真正做到自我负责。很多人都有一个倾向，即认为自己的行为都是由别人或外在因素引发的，例如我的指责是因为对方做得不好，我的退缩是因为对方过于强势，我的烟瘾是因为工作压力过大，等等。如果执着地认为引发我们行为的是外部因素，我们就会致力于改变别人或环境，而最后我们常常会非常受挫，我们自己的负面行为模式并没有因为更换环境或对象而发生改变，还是会不断地循环。

有一次一对夫妻在我这里做咨询，开始的时候，我让双方各用十分钟的时间讲讲他们在关系中发生了什么。于是，双方就开始讲述对方行为的问题，十分钟对双方都不够用，我耐心地听完他们的讲述，感受他们双方愤怒及委屈的情绪。太太又对我说："老师你来评评理，你看在我们的关系中谁的问题和责任更大，他是不是应该承担80%的责任？我也就20%的责任吧。"我告诉她，对于你们的关系现状，你的责任是100%，同样他的责任也是100%。然后我继续说："如果你们现在仍致力于指责和改变对方，这样关系是没有出路的，最后很有可能会破裂。除非从现在开始，承认你们对自己的行为是承担100%的责任的，把指向别人的手收回来，看看你们自己能够做出哪些改变，这样关系才有转变的可能。而且，你们现在的这些行为模式通常都不是从这段关系开始的，可以一起觉察一下这些行为在过去是不是也经常发生。"双方陷入了好一会儿的沉默中，意识到此前的互相指责解决不了问题。后来，先生主动承认了自己由于愤怒常常产生语言攻击的行为模式的确是长期存在的，而太太也意识到自己在被指责后常常会采用冷暴力的方式来切断沟通和进一步联结，也是受到自己原生家庭的影响。在后面的沟通中，双方的态度和语气都发生了一些改变，毕竟双方还是有意愿来解决关系中的问题的，也表示后面会主动对自己行为的做一些反思和检讨。

下面继续看看我自己是如何承认我的讨好行为模式的：

当我通过前面的觉察，留意到我的讨好行为模式及其根源后,我开始试着承认这些行为。我最早是在自己的心理学课堂中,向同学们分享和承认这个部分以及我的觉察发现,得到了很多的积极反馈。后面我开始在我的一些实际关系中承认这一点,这对我来说非常重要。因为在没有觉察到我自己的讨好模式之前,我也常常把我的一些委屈和愤怒情绪归因于别人,如好朋友或太太,认为是别人过于强势或控制,而没有意识到我在逃避责任,这其实是我在他们身上投射出了我妈妈的强势与控制。这种承认让我开始对自己负起责任,而不是致力于改变对方。

4. 接纳

接纳是整个转化过程中较为困难的一步,很多人会认为既然是负面行为,就是因为不接纳才要转化,其实这是一个误解。我们对这些负面行为的抗拒会进一步导致焦虑、紧张、内疚等次生负面情绪,这时候转化反而会变得更加困难。所以有人说:**"凡是你抗拒的,都会持续;只有接纳,改变才会发生。"** 因为当你抗拒这些行为时,你会聚焦其上,这样就赋予了它更多的能量,它就变得更强大了。这些负面的行为就像黑暗一样,你驱不走它们。唯一可以做的,就是带进光来。光出现了,黑暗就消融了。

我们在课堂上做过这样一个演示,我和另一个学员双手互推,彼此用力,在这种紧张的对抗下,我们发现彼此的动作选择都很有限,要么继续用力,要么停止用力，很难在这种对抗的状态下演化出其他的身体姿态。反而是当我们放弃了这种对抗，两个人的手臂都松弛下来后，我们就有了向各个方向去移动的不同选择。

想要更好地接纳我们的这些负面行为模式，我们首先需要认识到这些行为模式在过去对我们都是有价值的。例如对一个孩子来说，讨好可能是面对威胁的一个自然选择，攻击是维护自己界限的重要手段。前面分析每种负面行为模式时，我们也探讨了每种负面行为模式都有其正面的价值，只不过当我们执着在这种单一的行为模式中时，才会制造出各种问题，因为我们无法再活在当下，做出符合当下情景的最佳选择。这就如同一件我们小时候穿的衣服，当时衣服很合适，但现在已经过时和变小了，可我们还是固执地穿在已经成年的身体上，想想看这可能是一个滑稽有趣的场景。

真正的接纳并不容易，一些人以为自己接纳了，其实可能只是合理化。真正的接纳是身心一致的接受，没有任何的对抗与内耗；而合理化只是头脑层面的接受，内在还是有对抗，可能表现为焦虑、愤怒、紧张等情绪。区别这两者不太容易，需要敏锐的觉察力去读懂情绪及身体的信号。还有一种接纳可能是拒绝改变的挡箭牌，这种接纳如同把头埋在沙子里的鸵鸟一样，对自己的问题视而不见，哪怕这些问题已经在给自己和他人造成伤害，这种接纳其实是逃避问题。

雨晨是一位妈妈，咨询的主要议题是亲子问题，她觉得8岁的儿子很胆小，不自信，自己有些焦虑，不知道如何让儿子变得大胆一些。我问及雨晨与儿子的相处方式时，她称自己比较容易发脾气，对儿子比较严厉，对儿子的胆小有较多的批评。她自己之前也曾做过一次咨询，咨询师告诉她接纳自己很重要，于是她认为自己的性格天生就是如此了，已经很难改变了，刚开始时自己觉得对于儿子的胆小也是可以接纳的，可能儿子天生就是如此，但现在还是感到焦虑，觉得儿子还小，应该还是可以通过管教来改变，所以过来咨询如何管教孩子。

在倾听完雨晨的叙述后，我首先同理这位妈妈的焦虑。同时也分享了自己的观点：雨晨对孩子及自己都不是真正的接纳，对孩子有合理化的部分，而对自己则有逃避的部分。真正的接纳是接受与转化的结合，她既然意识到了自己行为层面的问题，同时这些问题对孩子的性格形成也有很大的影响，自己就可以在接纳的前提下积极转化自己，而且在自己有了变化后，亲子关系也会有变化，孩子在得到更多的鼓励与肯定，安全感逐步增强后，也会变得更加大胆。

有位禅师曾经说过这样一句话：**"我当下已经很完美了，但仍然可以每天进步一点点。"** 这里面有着真正的接纳！表面上看，这句话是矛盾的，你可能会说："我们既然完美了，还需要继续提升吗？""只有意识到不完美，才有成长的动力呀。"是的，我们很多人小时候的成长环境就是这样，父母为了我们更好地成长，不断帮助我们发现自己的各种问题，从不敢让我们觉得自己是完美的，因为担心我们骄傲，而"骄傲使人落后"，于是"我不够好"逐渐被我们很多人内化为一个强大的信念，伴随着很多人的一生。当然，我们需要看到的是，这种"我不够好"的信念的确也帮助我们取得了很多成就，但是这种信念会让我们长期处于焦虑与压力中，甚至最终付出很多身心代价。实际上，还有另外一种成长的方式，就是意识到我们**每个人内在都有一种自发的成长动力，如同一颗种子只要有合适的条件，就自然可以成长为一棵参天大树**。如果我们相信自己和每个孩子都有这种力量，我们就可以在全然接纳自己的前提下，以一种放松、快乐的方式去成长。

全然的接纳就是在唤醒我们内在这种自然成长的力量，在正念觉知的帮助下，逐步意识到我们的负面行为模式给自己及他人带来的影响，从而在当下可以做出新的行动。

继续以我自己的讨好模式为例，看看我是如何接纳它的。

在觉察到自己早期的生命经验和我的讨好模式的关系后，我对自己的讨好模式有了更多的接纳，我相信那是我作为一个孩子最好的选择，我对自己那个恐惧、无力的内在小孩也有了更多的疼惜。

我也渐渐意识到，虽然讨好模式给我制造了很多障碍，如逃避自己做决定及选择的权利，压抑了一些焦虑及愤怒等负面情绪，甚至可能将负面情绪转化为攻击、超理智等行为，但讨好模式也给我带来了很多益处，如我的人际关系整体比较和谐，我对别人的需求比较敏感，对别人容易有同理心，喜欢帮助别人，等等，这样我就可以更加中性地看待讨好这种行为模式。

随着逐渐地成长与转化，当我对当下的自己越来越接纳时，我发现我对我自己过去所有的生命经验及行为模式都全然地接纳了，甚至我很庆幸，正是过去的一切创造了现在的我，如果让我重新做一次选择，我仍然会重复选择过去的一切。

5. 行动

行动是在我们前面呼吸、觉察、承认及接纳的基础上所选择的新行为，这个新行为不同于旧有的负面行为模式，这个新行为可以改变我们旧有行为模式所依赖的强大神经回路，新的行动是整个行为模式转化中最为重要的一步。

我们可以想象这样一幅画面：在一片茫茫无际的草原上，本来并没有路，但当我们不断在两点之间走时，一条路就渐渐形成。随着我们走的时间越来越长，次数越来越多，这条路甚至成了一条深深的沟。我们的习性越来越强，只能被局限在这条沟里走动，从而失去了去探索草原上其他大好风光的机会。直到有一天，我们不再走这条沟，而是开始走一条新路，或者尝试其他的新路，我们就逐步从这条沟的制约中解放出来。虽然有时候我们还是会走到这条沟里，但我们走其他路的次数越来越多。随着时间的延长，这条沟我们走得越来越少，甚至这条沟会逐渐被填平，长出新草，成为我们众多选择中的一种而已。于是我们越来越自由，整个草原都在我们的脚下，我们开始走向远方，带着好奇、热情与无限的可能……

这个画面实际上就在我们的大脑里发生，那条深深的沟就是我们的行为模式依赖的神经回路，这些强大的神经回路决定了我们强大的习性，这就是我们每个人都会有的"路径依赖"，尤其是这些路径曾经给我们带来过好处或成就，因而转化就会更加困难。

虽然这些负面行为模式给我们带来了挑战，却是我们最为熟悉的，这些模式给我们带来了确定性及稳定感，甚至是安全感。一旦我们放弃这些行为模式，就会面临巨大的焦虑、不安，甚至恐惧，这些感受是我们采取新的行动的巨大阻力。这需要冒险，需要在焦虑与恐惧中行动的勇气，需要信任与臣服，当然还需要能清醒地评估自己与环境的智慧！

采取新的行动需要冒险与智慧，这些都不容易，需要我们不断提升正念带来的觉知力，这一方面帮助我们能够与新的行动引发的焦虑与恐惧相处，另一方面帮助我们识别原有路径形成的舒适区，以及由此引发的挑战，这样才更能在当下做出新的行动。

需要说明的是，新的行动是改变对原有行为模式的执着，并不意味着用一种新的行为模式去完全取代旧有的行为模式，那可能会形成新的执着，用一条沟取代另一条沟。新的行动的精髓是如何活在当下，综合当下自我、他人及环境的整体需要，做出最佳选择。每个当下的情况都是在不断变化的，我们的新的行动也将随之不同。

以我转化自己的讨好模式为例，看看我采取了哪些新的行动。

当我越来越能够接纳自己的讨好模式后，我开始采取一些新的行动来取代原来的讨好行为。首先我开始去觉察我自己的需求，并尝试在沟通中表达这个需求，在不忽略他人需求的情况下，尽可能坚持自己的立场。同时我也开始尝试拒绝别人，对于自己不喜欢的部分，清晰地说不。虽然，刚开始时这带来了更多的冲突，但我知道这也是我需要去面对的，因为之前讨好模式的一个重要驱动力就是害怕冲突。其次我开始尽可能地自我负责，包括对自己的选择、需求及行为负责，承担自己的选择带来的后果，不再把关系的责任推卸到对方身上，逐步找到在关系中比较舒服的位置。经过几年的实践，我能够在一些重要的关系中，如家庭及职场关系中，身心一致地沟通与选择。虽然有时还是会回到原来的讨好模式，但我也能够尽快地觉察与调整。

6. 欣赏

欣赏是对我们能够采取新的行动给出肯定，也包括对前面所有的呼吸、觉察、承认及接纳等步骤的肯定，欣赏我们不再掉入自动化反应中，而是开启了新的转化进程。转化进程刚开始时，每个步骤的力量还比较微弱，新的神经回路还没有完全构建起来，如同一棵幼苗刚刚开始成长，欣赏自己就是为了更好地培育和强化这些新的神经回路。其实欣赏本身就是一个新的行动，因为当我们处于旧有的行为模式中时，很多时候都是在抗拒和自恨，持续地欣赏自己对于我们的转化过程是很必要的，也可以缓解新行为带来的焦虑。

旧有行为模式的力量非常强大，转化过程不会一帆风顺，这中间会有很多的反复、失败、重新再来，甚至我们还会无数次地再次掉入旧有的行为模式中，这时候我们需要给自己更多的肯定、放松和宽容。例如十次同样的场景，我们有九次陷入旧有模式，但哪怕只有一次我们开始采取新的行动，就应该给自己欣赏与鼓励，然后逐步增加新的行动的次数。即使我们反复地退行到旧有模式，也不要自恨，接纳自己旧有模式惯性强大的事实后，再次开始新的尝试。

欣赏不仅仅是心理上的肯定，也可以给自己一些物质上的奖励或其他让自己开心和愉悦的事情，如当自己有了新的转化后，可以奖励自己一顿美食或一场电影，也可以邀请家人或好朋友给自己鼓励，以巩固自己的转化成果。

对于我的讨好模式转化，我对自己也有很多的欣赏与肯定。

转化之初，我自己心里常常会有一些质疑的声音："有必要在小事上这么较真吗？"身边的人可能也觉得我变得比过去挑剔了，但我还是带着觉察去尝试，转化其实是一点点潜移默化进行的。每次我带着焦虑去表达负面感受或坚持自己的主张后，我会给自己赞许。当然，即便是经过十几年的学习与转化，到现在我都不能说我完全转化了，旧有模式与新行为其实是混合在一起的，但我还是能够清晰地感受到两种力量此消彼长的过程。而且，我对自己的讨好逐渐有了新的认知与感悟。

经过多年的正念练习，当我内在的愤怒、焦虑与恐惧越来越少时，我发现自己越来越愿意主动去"讨好"他人了，这种"讨好"与过去的讨好行为有实质的不同。过去是由于害怕冲突，产生了愤怒或委屈等负面情绪的压抑，现在更多是被爱与慈悲驱动，做出的身心一致的选择，我越来越意识到自我与他人的一体，助人也是自助，通过助人可以逐渐净化自己的这颗心。甚至我自己的职业选择也发生了重大变化，从以前通信行业的理工男变成了一个做培训与咨询的助人者，我将其视为一份自助助人、自利利他的工作，这也许是"讨好"的新境界，是对我现在转化成果的真正欣赏吧！

最后给大家分享一首小诗——波歇·尼尔森的《人生五章》，让我们体会一下行为转化中的困难与希望。

第一章

我走在一条街道上

在人行道上有个很深的坑

我掉了进去

我失去了方向

我无能为力

这不是我的错

我花了很久才爬了出来

第二章

我走在同样的街道上

在人行道上有个很深的坑

我假装没有看见

我又掉了进去

我简直不敢相信我又回到了原地

但是，这不是我的错

我仍然花了很久才爬了出来

第三章

我走在同样的街道上

在人行道上有个很深的坑

我看见了

我又掉进去了

这是个习惯

但是我的眼睛是睁开的

我知道我在那里

我知道我是怎么掉进来的

我立刻爬了出来

第四章

我走在同样的街道上

在人行道上有个很深的坑

我绕着它走了过去

第五章

我走在一条不同的街道上

上瘾行为的转化

现代人面临的压力及其他负面情绪较多,为了缓解或转移这类情绪,各种上瘾行为逐渐侵入我们的生活,如手机上瘾、烟酒上瘾、购物上瘾,甚至是工作上瘾、运动上瘾等,这些上瘾行为逐渐对我们的工作、生活及健康产生了越来越大的负面影响,最后甚至让我们陷入健康危机。上瘾行为的转化通常都很困难,很多人甚至陷入上瘾、暂停、再度上瘾的恶性循环。上瘾行为是一种常见的强迫行为模式,下面我们以这种行为模式为例,来深入探讨其危害、根源及转化。

识别上瘾

上瘾就是强迫性地使用某种物质(如烟酒)或强迫性地实施某种行为,而不顾它带来的负面后果。

我们通常把上瘾分为物质上瘾和行为上瘾。物质上瘾如烟、酒、零食等;行为上瘾也称为过程成瘾,如玩手机、购物、工作、(极限)运动或一些其他强迫性行为。

如果某个物品或者某个行为满足了以下2个特质,它就是具有上瘾性的。

(1)不是生活必需品,和我们维持生存无关。

(2)使用者离开了它,就会变得焦虑不安。

根据这样的定义，癌症患者使用药物不能被算为药物成瘾，普通人呼吸空气，也不能被称为空气上瘾，但是爱情、性、购物、网上游戏、锻炼和工作都有可能上瘾。

英国心理学教授马克·格里菲斯已经进行了20多年上瘾行为的研究，他的团队整理了来自世界四大洲150万受访者的83项研究。这些研究的内容包括：爱情、性、购物、上网、锻炼和工作上瘾，以及酒精、尼古丁和其他药物上瘾。他们得出的结论是世界总人口的41%都至少存在1种行为成瘾，行为成瘾比我们想象的要普遍，美国总人口中高达40%的人群存在某种形式的互联网成瘾。

现代人对手机的依赖程度越来越高。这里有一个小测试，看看你是否有手机上瘾：

（1）你是否发现自己使用手机的时间比预计要长？

（2）你生活里的其他人是否抱怨过你使用手机的时间太长？

（3）你是否有事没事检查自己的微信、微博等社交账号？

（4）你是否因为太长时间使用手机而缺乏睡眠？

（5）你是否发现自己使用手机时爱说"就看几分钟"？

请按如下分值对每个题目进行评估：

0=不适用，1=很少，2=偶尔，3=屡次，4=经常，5=总是

5个题目总得分在7分以下,说明你没有手机上瘾。8~12分说明有轻度上瘾,你有可能有时使用手机太久,但一般而言,你控制着自己的使用状况。13~20分表示中度上瘾,也就是说你和手机的关系给你造成了挑战。21~25分表示重度上瘾,说明手机已经严重影响你的生活与工作了。

是否对其他物品或行为存在上瘾情况,你也可以用类似的方式进行评估,主要评估这个物品的使用或行为的产生是否经常超出自己的预期、对家人及自己健康的影响等。

上瘾的危害

无论是物质上瘾还是行为上瘾,长期的上瘾对我们的身心健康及关系都会造成负面的影响。

1. 对身体健康的影响

不同的上瘾行为对我们的身体损害侧重有所不同,如长期抽烟损害肺部,长期饮酒损害肝部,长时间玩手机损害眼睛,等等。总体上看,上瘾行为对我们的健康都会产生一些不良影响,这些影响开始可能只是导致亚健康,最后甚至可能是更严重的疾病。

2. 对心理的影响

上瘾往往是我们转移和逃避一些负面情绪的手段,

但这些负面情绪并没有因此消失，而是更长期地隐藏在我们的身体里，最终仍然会破坏我们的身心健康。同时上瘾本身还会带来其他的负面情绪，如不接纳自己的上瘾行为而导致的自恨、压力、焦虑等，这些情绪往往是我们射向自己的第二支箭，第一支箭是上瘾本身，第二支箭造成的伤害有时候会远大于第一支箭造成的伤害。

3.对关系的破坏

上瘾让我们沉浸其中，导致我们忽视了和家人或朋友的相处，这些行为严重影响了我们的一些亲密关系。很多上瘾行为最终导致了离婚、亲子关系遭到破坏等后果。我们在上瘾状态时，自控力往往快速降低，这和我们大脑皮层中的理性控制失效有关，这种状态下容易出现指责、暴力等破坏关系的语言或行为。

很多人对上瘾的危害很清楚，自己也非常想摆脱，但是上瘾的摆脱的确困难重重，这需要我们清晰了解上瘾的身心机制，同时还要进行一些针对性的训练。

身体机制

当我们对某种物质或行为上瘾时，我们就陷入了一种自动化的状态，这时候我们人生的方向盘就不再掌握在自己手里，我们进入了一种自动驾驶的状态，进而可能驶向痛苦的深渊。了解这种自动化反应是如何发生的，将有助于我们摆脱其强大的惯性，进而跳出上瘾症的怪圈。

1. 多巴胺

多巴胺是一种神经传导物质，是用来帮助细胞传送脉冲的化学物质。这种脑内分泌物和人的情欲、感觉有关，它传递兴奋及开心的信息，与各种上瘾行为有关。比如，运动时人的大脑会释放多巴胺，一般越刺激的运动释放多巴胺越多、越快，如滑雪、冲浪、跳伞，所以极限运动更容易让人上瘾。同时运动时间越长，释放多巴胺的时间也就越久，也越可能让人上瘾。多巴胺一方面协调机体的各项运动，另一方面也使人精力更为集中，让人更兴奋。当多次从事此类运动时，人就会喜欢上这种多巴胺释放的快感，从而对某项运动上瘾。除了运动，饮酒也有类似效果。当人长期大量喝酒以后，每次喝酒大脑就会分泌多巴胺，大脑会对喝酒时产生的快感形成依赖，从而酒精上瘾。同样的解释也可以用到人们对游戏、网络小说、电视剧等文娱产品的上瘾行为上。

2. 大脑变化

研究表明，行为上瘾和物质上瘾都牵涉同一机理，它们都导致大脑结构和脑内化学物质产生改变。这些变化包括：

（1）脱敏反应：当我们受到新的刺激时，多巴胺急剧增加，但随着某种行为的不断重复，我们产生了对刺激的耐受性，多巴胺又会减少。这个时候，我们需要更多的刺激来满足这种"饥饿感"。

（2）敏化反应：在此基础上，一旦有相应或类似的刺激出现，我们会比其他人更加敏感，因为大脑告诉我们，它能满足我们。这种回路如同学习过程中，神经元突触之间的连接不断强化直至牢固一样，形成无法抵抗的超级记忆。上瘾导致神经细胞之间的连接加强，使它们更容易沟通。连接越强，电脉冲越容易沿着这个新的路径传送，这样大脑中就形成了一条深深的"车辙"。正如水会沿着阻力最小的路径流动，冲动和想法也是一样，这样很快就形成一条敏化的，也就是自动化的神经回路。这条自动化的神经回路可以被认为是条件反射的加强版，当它被触发时，就会产生让人难以忽视的渴望，进而让我们陷入上瘾中。

（3）脑前额叶功能退化：在不断的刺激、脱敏和敏化过程中，我们的大脑前额叶（这是人与动物进化过程中所不一样的那一部分）功能退化，最终无法控制我们的行为。甚至由于一系列的连锁反应，我们会出现紧张、神经衰弱、无法自控等症状，于是上瘾便形成了。

心理机制

通常我们有个误区，即认为上瘾的驱动力来自让我们上瘾的物品本身，如烟酒、手机等，但实际上让我们上瘾的是这些物品带来的感受，是这些感受推动着我们的上瘾行为。

在前面上瘾的身体机制中，我们探讨了上瘾行为在我们大脑中引起的结构及化学变化，这些变化进而会强化上瘾行为，形成恶性循环。表面上看，我们是因为贪求多巴胺带来的兴奋和愉悦感，才会对物质或行为上瘾，但是如果更深入思考，我们为何会贪求这些兴奋感呢？甚至我们在意识上明明知道很多上瘾行为会损害我们的健康，却仍然对之趋之若鹜呢？其更深或更原始的驱动力是上瘾者在逃避一些负面的感受，如恐惧、羞愧、压力、焦虑、抑郁等，当这些不舒服的感受生起时，我们本能地会通过各种上瘾行为去转移或逃避这些感受。

我们以恐惧感为例，探讨一下上瘾行为和逃避负面感受的关系，当然压力、焦虑、担忧等情绪也是恐惧的变形。恐惧感是如此深刻而常被隐藏，即使它只露出一丁点儿，我们也会害怕地赶快将它隐藏。上瘾帮我们将恐惧、焦虑和痛苦阻挡在外，这些负面情绪刚刚浮现，我们就通过上瘾行为转移了，因为我们根本无法预测到底会有多少恐惧浮现出来。当终于决定要终止某种上瘾行为时，我们曾经深深压抑的感觉会出现，内在的恐惧与空虚也会出现，这种现象就算不立即出现，也迟早会发生。刚开始，我们可能会充满热情，采取行动来阻止这些自我毁灭的上瘾行为，然而真正的困难是，在这些压抑很久的负面感受出现后，我们通常没有面对这些感受的经验和方法，于是我们必须更加赤裸裸而脆弱地面对这一切，这种困难很容易让我们的戒瘾行动失败而退回到起点。由于恐惧如此深刻而强烈，任何一种上瘾要能真正开始被摆脱，都需要我们首先承认：除非揭露行为的根源，否则我们无力改变任何行为。这就需要我们开启一个自我探索的过程，看看我们这些恐惧的根源，有些也许和早期的一些创伤有关，有些我们可能探索不到什么具体的事件，恐惧感只是我们个人特质的一部分。

到此我们发现了上瘾的核心原因：对负面感受的抗拒与逃避和对正面感受的贪求。转化上瘾需要我们在感受层面上做功课，而这个层面上的功课我们需要通过正念来完成。

正念转化上瘾

我们前面介绍的1B+5A转化行为模式的方法可以用来转化上瘾行为，同时正念训练也是转化上瘾行为的有效方法。长期正念练习可以改变形成上瘾行为的身体基础及心理习惯。

1. 提升专注力和自控力

上瘾的重要原因是我们的大脑在不断的刺激、脱敏和敏化过程中,前额叶功能退化,最终无法控制我们的行为。2003年,美国的理查德·戴维森(Richard Davidson)与乔恩·卡巴金发表了一项研究,该研究调查了八周的正念练习对人的大脑产生的影响,结果表明研究对象的左侧大脑的前额叶区活动显著增加,这部分大脑与我们的自控力及积极情绪调节有关。类似的实验还有很多,这些研究都表明长期的正念练习可以改变我们的大脑结构,尤其是改变上瘾人群大脑里强大的神经回路。

当大脑产生对多巴胺的渴望,诱惑你去即时满足冲动和欲望——比如想要刷一会儿朋友圈、微博,想要玩一会儿游戏,想要吃甜食——的时候,让自己先等几分钟,用这几分钟进行正念练习:观照、感知自己当下的状态,不评判地去观察自己的欲念、渴望,只是静静地观察、感知,不去否定,也不采取满足欲念的行动。这样观察5~10分钟,你的意志力就会恢复,前额叶的力量就会被调动起来,这时你的欲念之火往往就能冷却下来,多巴胺的诱惑也就不再那么诱人了。

2. 转化趋乐避苦的深层习性

正念练习中,对身体感受的关注是重要内容。无论是正面的感受,还是负面的感受,通过正念练习不断提升接纳各种感受的平等心。经过长期这样的训练，当我们面对上瘾冲动时，可以保持观照与不反应，这样上瘾行为就可以暂停。同样，当我们面对一些不舒服的负面感受时，我们也可以保持观照，静等这些感受的生起、变化和消失，而不通过上瘾行为去转移和逃避。这样通过正念训练，实际上是断除了上瘾行为的心理根源。

3. 提升觉知力，跳出上瘾的循环

上瘾的循环具有强大的惯性，就像一场风暴把我们席卷其中，身处风暴中想跳出风暴是极为困难的，我们很多人不具备这种心的力量。**觉知力的训练就是让我们提升这种力量，帮助我们跳出这个风暴，然后去观察这个风暴，就好像处于风暴中心——风眼的位置一样，这个位置是平静安详的。**长期进行正念训练，通过不断观照呼吸、念头、感受等身心活动，提升这份稳定的觉知力。

正念行走练习

注：正念行走练习音频

正念练习不仅仅是坐着的静态冥想，还可以有多种形式，其实行住坐卧皆可正念，只要全然活在当下就是正念。下面的练习就是一个动态的正念行走练习，对静坐冥想感到困难的朋友可以尝试这个练习。

你可以在室内或者室外找到一个安静的、可以来回走动的地方，然后让自己停下来，闭上眼睛静静地站立一会儿。首先你可以把注意力集中在呼吸上，吸气时知道自己在吸气，呼气时留意自己在呼气。通过几次正念呼吸，让自己安静放松下来。

请慢慢睁开眼睛，把注意力集中在自己的双脚上。你可以慢慢抬起一只脚，留意你的脚离开地面，带动你的小腿、膝盖和大腿，慢慢地跨出这一步，然后留意你的脚慢慢地落在地面上的感觉。然后慢慢地抬起另外一只脚，留意你的脚掌离开地面，带动你的小腿，膝盖和大腿，进而带动你的身体，去留意你重心的移动，然后开始缓慢地行走。留意在这个过程中，你脚部、腿部以及身体的感受。持续保持对脚部、腿部和身体的觉知，直到走到你需要转身的地方，可以慢慢地停住。然后慢慢转动你的脚，带动你的身体，慢慢地转身。静静地停留一会儿，然后继续行走。保持对每一步你的脚、腿和身体的觉知。

当然在这个过程中，我们的注意力有时候可能会跑开，如果你留意到你被一些念头带走，开始失去对身体的觉知，那就重新回到你的脚步上，对，重新回到对你的脚、腿部和身体的觉知上。如果你可以持续保持这样的觉知，你可以慢慢地加快步伐。如果你在室外行走，你可以慢慢地加快步伐到你正常的走路节奏，同时保持对你的每一步，脚、腿部和身体的觉知。去留意每一步过程中，你的脚离开地面，带动你的小腿、大腿和身体的移动，去留意你身体重心的变化，去留意每一步，脚落在地面时的感觉。如果我们的念头又跑开了，只要觉察到这一点，就重新回到对我们步伐的关注上，重新回到我们对身体的觉知上。继续保持这样的正念行走，保持对我们的脚、腿部、身体的觉知。

你可以自己决定练习的时长。有人说当我们**保持正念行走的时候，我们就"停"了下来。我们停止的实际上是我们的自动化反应**，而这些自动化反应创造了很多的身心痛苦。当我们正念行走的时候，我们就停止了制造痛苦的循环。

好，我们这次的正念行走练习就到此结束。

> 我的思想散乱四方
> 但我平安地走在这路上
> 每一步，微风送凉
> 每一步，百花绽放
>
> ——一行禅师

身体的睡眠,灵魂的觉醒

鲁米

每个夜晚,您都将我们的精神从身体及其圈套中解脱,
  使其变得像抛光的石板一样纯净。
每个夜晚,精神都从这个牢笼中得到释放和自由,
既不役使着这个牢笼,也不受这个牢笼的役使。
  在夜里,囚徒不知道自己的牢狱;
  在夜里,国王不知道自己的权威。
  那时,没有得与失的思考与顾虑,
    没有这样与那样的区分。
"觉知者"的状态就是这样,即使在清醒时也是如此。
主说:"你认为他们是清醒的,但其实他们是酣睡的。"
  面对世俗之事是酣睡的,无论日夜,
    就像一支笔,被握在书写者的手中。
    如果一个人看不到那实施书写的手,
    就还以为是这支笔的运动完成了书写。
如果这位"觉知者"向人揭示了这种状态的详情,
  就会夺走粗俗的人们沉溺于感官的昏睡。
    他的灵魂遨游于无与伦比的大漠中,
  他的精神和他的身体一样,享受着完美的休憩。
    从饮食的贪欲中解脱,
    就像一只逃离了牢笼与圈套的鸟儿。
    但如果他再次被骗入这圈套之中,
    他就只好向全能的主哭喊,乞求帮助了。

第7章 改善健康：正视疾病

飞鱼是一个年轻、有才气、情感丰富的小姑娘,当她说自己有严重的颈肩问题时,我还不太敢相信,通常大家都认为这类劳损都是人到中年之后才会出现的。她参加了2021年5月~8月的正念成长训练营,很好地转化了自己的肩颈问题,学会了与这些身苦相处。下面是她的分享。

在参加正念训练营之前,我面临的主要挑战是肩颈和背部疼痛,我之前从未意识到这些不适会跟焦虑、压力过大相关。我尝试过瑜伽、中医理疗、运动康复这些方法,但是往往都只能暂时缓解,然后没过几天,那种很难忍受的疼痛又会再次出现。

在第一次上正念体验课的时候,课程中有一个正念练习,我听到老师说"去感受你的双脚与地面的接触,感受自己是否能被大地坚实地支撑"时,那一个刹那,我的情绪全部翻涌了出来,我中途退出课室,在洗手间哭了很久。因为那一段时间,我刚好是处在裸辞、失恋、身体不适的三重压力之下。我感觉自己没有任何的退路,也感觉到自己的支持系统被完全抽空了,就是有了这次体验,我报名了正式课程。

慢慢地,周日下午的正念课程变成了我每周还挺期待的一件事情。当我走出怡海地铁站,然后走在那条宽敞、舒适的马路上,看着周边的树木以及花朵的时候,我的心情是非常轻松、愉悦的。就好像老师的课堂变成了我的能量补给站。随着课程的推进,在有一次晨间的深度身体扫描过程当中,我听到老师说:"肩颈疼痛不仅仅只是一个单纯的身体层面的问题。"当时随着扫描练习的深入，我过往经验中那些愤怒、无力、痛苦的情绪开始翻涌出来，并且我不停地流眼泪，与此同时我也感受到情绪的深层释放。在这次身体扫描结束之后，我就明显感觉到肩颈的僵硬和疼痛很好地缓解和消退了。

在八周的课程接近尾声时，我印象最深的是那一次音乐冥想环节，当时随着身体的抖动，情绪逐渐浮现出来，然后我脑海当中有一个很清晰的画面：我手持长矛，身骑战马，刚刚结束完一场非常艰难的斗争。这个画面持续了很长时间，到音乐快要结束的时候，脑海当中那个自己的身影才慢慢地离去。我当时就隐约感觉到，这种离去可能意味着自己过往那段挺艰难的战役要告一段落了。

在课程结束之后，我也会坚持做一些日常的练习，到现在虽然还是会有一些上背部的不适，但是它变得可以忍受，并且这种疼痛会自己慢慢地缓解，我不再对抗它而增加我的心苦。

——飞鱼，女，自由作家，24岁

前面我们探讨了认知行为模型中的感官知觉、想法、感受及行为，也就是五蕴循环中的识、想、受、行，这是心理过程，没有涉及身体（也就是五蕴中的色蕴），但实际上身体与心理过程中的每个环节都有密切关系。感官知觉是通过眼、耳、鼻、舌、身来完成的，想法是通过大脑思维来完成的，感受是情绪在身体上呈现出来的信号，而行为更是通过身体来完成的，所以身体是完成心理过程重要的物质基础。心理上的负面想法、情绪和行为模式会在身体上逐步呈现出来,这在心理学上称为躯体化,开始身体通常以亚健康的方式来提醒我们,如果我们不断忽略这些信号,它进而可能以更严重的疾病来警示我们,例如上面案例中的飞鱼,所以改善身体的重要前提是不断转化我们负面的心理模式。

身心关系

身体的本质

身体起源于精子与卵细胞结合而成的受精卵,这是人体的第一个细胞,这里面包含了父母的基因,然后身体经由该细胞的不断分裂而生长。细胞是身体结构和功能的基本单位。细胞经过分化形成了许多形态、结构和功能不同的细胞群,这些形态相似、结构和功能相同的细胞群叫作组织。这些组织按一定的次序联合起来,形成具有一定功能的结构,这就是器官。一些器官进一步有序地连接起来,共同完成一项或几项生理活动,就构成了系统。身体有八个系统,即消化系统、呼吸系统、循环系统、泌尿系统、运动系统、生殖系统、内分泌系统和神经系统。这些系统在神经和内分泌系统的调节下,互相联系、互相制约，共同完成整个身体的全部生命活动。

在我们这具看似坚实的身体内，细胞的分裂与死亡一刻也不曾停止过。新细胞不断产生的同时，也会有旧有细胞不断死去。只不过人生的前半程，新细胞产生的速度大于旧有细胞死亡的速度，而表现为身体的生长；而人生后半程，旧有细胞死亡的速度大于新细胞产生的速度，而表现为身体的衰老。现代生物学研究表明，人体细胞更换具有一定周期性，但是细胞并不会一次性地彻底更换，而是一个循序渐进的过程，主要是衰老细胞被新生细胞所代替。那当我们的细胞更换后，我们还是原来的自己吗？这个问题如同古希腊神话里的"忒修斯之船"。公元 1 世纪的作家普鲁塔克，曾提出一个很有名的难题，叫作忒修斯之船。大意是说，希腊神话中的英雄忒修斯所搭乘过的船被留下来当作纪念，随着时间推移，船体零件慢慢损坏，于是人们便将损坏的部分换新，如此反复，直到有一天整艘船的零件全都被换过了。那么这艘船还是原来的忒修斯之船吗？

身体的本质是一团不断变化的物质，里面有着各类丰富的物理及化学反应过程，这与其他的动物、植物都有相似之处。这团物质发展变化的来源主要有这几个方面：

- 基因：包含父母的遗传信息，这是我们物质身体的起点，对我们的成长、发育以及患病风险等，都有非常重要的影响。
- 环境：没有出生之前，我们主要从母体的环境中摄取营养物质；出生后我们与环境不断通过呼吸、传热等过程交换物质与能量。
- 食物：出生后我们通过食物来补充身体需要的各类物质。

心理如何影响身体

显然我们不仅仅只是物质的存在，我们还有更重要的心理存在，身体和心理在同步不断变化，互相影响，身心之流是构成我们完整生命的两套系统。身体里不断生灭的细胞组成了我们的神经、血液、肌肉、骨骼等，而心理过程包括我们的感知、识别、评判、意图、期待等，这两套系统密不可分。

心理的识、想、受、行四个过程和我们的身体一直是密切互动的。当我们的感官知觉运作时，我们的身体会发生一系列的变化：各类光线、声音、味道、触感等信号被我们奇妙的身体转化为电信号，经由神经系统传递到我们的大脑，大脑经过识别，产生相应的图像；然后大脑对这些图像进一步地加工，识别产生出各种对象的概念；在识别对象的基础上，大脑进一步产生各种判断，这是对对象的进一步区分，如好坏、对错、危险或安全等属性，进而引发如何行动的意图，如是趋近还是远离等。对对象的判断还会引发各种情绪和感受，基本上正向的判断会引发正向的情绪和感受，如放松、温暖、喜悦等，负向的判断会引发负向的情绪和感受，如紧张、焦虑、担心等。这些情绪与感受，与之前产生的意图共同作用，推动身体做出各种行为，如亲近、攻击、逃跑、沟通等。

现代生理学的研究表明，心理过程主要通过三个途径来影响身体：一是通过自主神经系统的交感和副交感神经系统来影响全身各系统的生理功能，二是通过边缘系统来影响内分泌代谢功能，三是通过激素作用于免疫细胞相应受体，影响人体免疫力。当焦虑、恐惧、愤怒、紧张、担心等负面情绪产生时，人体就进入应激反应，交感神经系统兴奋会刺激应激激素的分泌，进而引发血压升高、全身代谢增强、肌肉紧张、感官敏锐，同时肠胃功能受抑制、免疫力降低等一系列反应。这一系列的应激反应，在情绪消退后，可以自然恢复，并不会对人体产生伤害。

然而遗憾的是，我们绝大多数人很难彻底完成上述应激反应的自然消退过程。一是因为现代社会和生活时刻充满各种压力源,如学习、考试、工作、竞争等,这些外部因素很容易让我们长期处于应激状态;二是因为我们的大脑由于过度负面思虑,也不断在制造和放大各种负面情绪。这些内外的因素导致我们很多人处于慢性、长期的负面情绪中,这些心理上的负面状态不断影响我们的身体,导致身体各系统长期处于功能紊乱的状态,久而久之各种心理问题诱发的身体健康问题就会不断发生。

情绪对健康的影响

关于情绪与健康的关系,传统中医早有论断。中医认为人有七情,即喜、怒、忧、思、悲、恐、惊七种情绪。如果情绪过于激烈,就会影响脏腑的气血功能,导致全身气血紊乱而引发疾病。不同的情绪会给身体带来不同的影响。在中医经典著作《黄帝内经》里已有记载,如"怒则气上,喜则气缓,悲则气消,恐则气下,惊则气乱,思则气结"以及"怒伤肝,喜伤心,思伤脾,忧伤肺,恐伤肾"等。

从现代科学的角度,情绪作为心理状态的最重要指标,对我们身体的各个系统都有重要影响。情绪主要通过神经系统和内分泌系统来影响全身各个系统,长期的负面情绪自然会造成各个系统出现问题或疾病。

1. 神经系统方面的问题

负面情绪最直接引发的就是我们的交感神经系统兴奋，长期的负面情绪会让我们的交感神经系统长期处于兴奋状态。本来我们的自主神经系统中，交感神经系统和副交感神经系统交替起作用，自然调节我们紧张与放松的节奏，如果交感神经系统长期处于紧张状态，就如同一根弹簧长期处于拉伸状态而无法松弛一样，久而久之这根弹簧就会失去弹性，即使松弛下来也再也不能恢复到原来的状态。

2. 心脑血管类疾病

心血管类疾病是当今世界上威胁人类最严重的疾病之一。长期的焦虑、压力、愤怒等负面情绪，会使交感神经－肾上腺系统的活动增强，在交感神经系统兴奋和肾上腺激素的共同作用下，心脏收缩力量加强，心率加快，血液输出量增加，同时身体大部分区域的小血管收缩，外周阻力增大，这样动脉的血压就会升高，高血压就可能会产生。过量的肾上腺素进入血液后会造成全身动脉管壁的肌肉收缩，这样每分钟通过冠状动脉的血液就会减少，最终可能会引发冠心病。同时长期的负面情绪还有可能导致心肌梗死、心绞痛以及动脉硬化等心脑血管疾病。

3. 呼吸系统类疾病

长期处于焦虑、压力及紧张等负面情绪中会让我们的呼吸无意识地变快，可能导致过度呼吸，会使血液中二氧化碳逐步下降，导致呼吸性碱中毒的现象，出现手、脚、面部麻木或者是针刺的感觉，甚至会有濒死感。另外长期处于负面情绪中还可能会导致哮喘、胸闷、神经性咳嗽等呼吸类问题。

4. 消化系统类疾病

消化系统也是很容易受到负面情绪影响的，甚至有人说："肠胃是情绪的晴雨表。"负面情绪产生时，肠胃的血流量会减少，肠胃运动减弱，消化功能也会随之减退，甚至发生紊乱，这样还会导致食糜和胃液的混合液长时间停留在胃内，对胃黏膜造成损伤。许多人在感到焦虑和紧张时有胃痛或腹泻的经历，压力大的时候会吃不下东西。另外长期处于负面情绪中还可能导致胃炎、胃溃疡、神经性厌食症、便秘等问题。

5. 内分泌系统类疾病

内分泌系统主要由内分泌腺组成，包括垂体、肾上腺、甲状腺、副甲状腺、胸腺、胰腺、性腺。内分泌腺所分泌的激素不通过特殊的管道，而是由内分泌细胞直接将激素分泌到组织液再进入血液，通过血液循环运送到全身各处。而脑垂体控制着其他内分泌腺，脑垂体在大脑的下方，就像一颗大豌豆，它是人体全身控制调节器。在正常情况下，内分泌系统保持着各分泌激素的相对平衡与稳定，以保证人体的健康。内分泌系统对负面情绪反应十分敏感。负面情绪首先影响到的是垂体，可促进或抑制垂体激素的合成与分泌，垂体分泌的激素又影响内分泌腺，从而使一种或几种分泌腺发生紊乱，使机体功能发生病变的变化。

长期处于负面情绪中可能会导致胰岛素分泌减少，肾上腺皮质激素和生长激素增加，使得血糖升高，日久则可能引发糖尿病。激素失调还可能引发的其他疾病包括甲状腺功能亢进、脱发，女性月经不调、乳腺增生等。

6.运动系统类疾病

当负面情绪来袭时，应激反应会让我们肌肉绷紧，以便快速奔跑或做出攻击反应。但是如果我们长期处于这样的应激状态，全身肌肉就会持续处于紧绷状态中，久而久之就会诱发各类疾病，如肩颈劳损、背痛、关节炎、腱鞘炎等。

正确面对疾病

身苦和心苦

身苦是指身体上的痛苦。我们生而为人，就无法避免生老病死带来的痛苦，这是自然法则。

心苦是指心理上的痛苦，是各种负面情绪引发的痛苦。我们前面讲到情绪与身体感受如同一个硬币的两面，是一体的，所以心苦是通过身苦来表达的，心理上的痛苦一定会引发身体上的痛苦。

心苦一定引发身苦，但是身苦却不一定会引发心苦。当然对于大多数人来说，身体上的痛苦很容易引发焦虑、愤怒、恐惧等负面情绪，这些负面情绪又不断放大身体上的痛苦。然而如果我们拥有正念带来的智慧，能如实地看清身体的本质，接纳身体本身自然产生的痛苦，不排斥、不抗拒，不由此引发各种负面情绪，我们就可以将身苦停留在其本身，而不去进一步放大，这样实际上我们就会减少很多痛苦。所以，**接纳身苦，消除心苦，是我们正念修行的重要目标**。

本书以减少痛苦为目标，实际上减少的也是心苦，进而减少了由心苦所引发的身苦。

2022年末我们全家人都感染了新冠病毒，八十多岁的岳父因为病毒引发肺气肿等基础病而住院治疗，由于年龄过大，无法自理，需要我们入院陪护。我陪护的第一天晚上，自己的身体还在恢复中，身体很多地方还有疼痛，同时还有鼻塞、咽喉不适等症状，更难受的是临床的陪护整晚鼾声震天，我无法入睡。我做了几次正念练习，扫描着身体的各种不舒服，以及由于无法入睡带来的头昏脑涨。我发现自己内心还是平静的，也接纳了医院作为一个公共环境，我并不能要求别人不打鼾的事实。我认为这是平时正念练习给我的力量，让我在身苦中尽量少一些心苦。当我清晰地观察这些身体上的痛苦时，内在的觉知也有了一份清晰的稳定感，这份觉知和其觉知的对象——身体上的痛苦是可以分开的，如同瓶中的油和水一样泾渭分明。

接纳病苦，转化病因

疾病，除了一些典型的心理疾病外，绝大多数都会带来身体上的痛苦，属于上述身苦的范畴。是否能正确看待疾病，是一个重要的议题，这决定我们是否能最大限度地减少疾病所带来的痛苦。

绝大多数人都会认为疾病是个坏事情，尤其是一些重大疾病，认为它们可能会危及我们的工作、生活，甚至是生命。然而我的观点是疾病是中性的，这种观点会给我们带来不同的选择。

认为疾病是坏事情，导致的自然结果是会带来一系列的负面情绪，如恐惧、焦虑、压力、紧张、担忧等，这些负面情绪进而会很多倍地放大疾病本身带来的身苦，甚至会极大地降低我们的免疫力，导致疾病进一步恶化。我们听到过很多次的一个例子就是当一个人得知自己患上重大疾病时，身体就完全垮了下来，反而加剧了疾病，甚至大大加快了走向死亡的进程；但如果听到是误诊的消息时，严重的状况会有所好转。所以当很多子女得知家里老人重病的消息时，常常会有意隐瞒这样的信息，以免加重老人的精神负担。

前面我们讲到物质身体发展变化的几个来源是基因、环境、食物。有些疾病是来自基因层面的，很多人都有一些来自家族的遗传疾病，这在很大程度上是我们无法避免的；环境因素也会影响我们的健康，但环境也是我们所有人共同创造的，目前情况下，环境中的空气、水、土壤等都有不同程度的污染，这些环境因素是我们个人无法改变的；食物虽然是我们可以选择的，如选择更有机的食材、合适的进食时间及进食量，但实际上我们的选择也是有限的，再有机的食材现在也都难免存在一些污染，因为植物生长所需的土壤和水都有所污染，俗话说人吃五谷杂粮，生病是在所难免的。上述情况说明，疾病是我们生而为人的必然结果之一，如同衰老及死亡一样。

既然疾病无法避免，当疾病来临时，我们应该以尽可能轻松的态度来接纳它，视其为中性的更有助于我们真正接纳疾病，减少由此引发的各种负面情绪。更为重要的是，这样的态度可以让疾病带来的痛苦仅停留在身苦本身,避免了负面情绪引发的放大了很多倍的心苦及身苦。而且我们身体本具的免疫力其实是我们抵抗各种疾病最重要的屏障,很多的疾病是可以通过我们自身的免疫力自愈的,而保持正常免疫力的关键也是平稳的情绪。

熙宁是一个在互联网大厂工作的姑娘,有较为严重的焦虑症状,并伴随着多种躯体化表现,如头痛、头晕、肠胃不适。从她的分享中可以看到她转化这些身苦的一些心得:

"上一次课程结束后我有些头疼,两天后才缓解,这两天也一直有点儿头晕,早上起来后会有睡不醒的感觉,会有一些焦虑。但对于身体反应,当做到不把身苦转化为心苦,尽量不放大身体出现的症状,与其和平相处时,症状会有一定缓解,但还不稳定。"

"今天头晕的情况比昨天好些了,但正念练习后还是会有一点儿。今天可能是跟对象有点儿争执,导致有点儿胃疼,但现在我已经知道痛点的来源,不将其扩大,到了晚上胃疼缓解了一些。对于身体的一些症状,我的接受度在提升,焦虑在减弱。"

——熙宁,女,公司职员,28岁

出于工作原因,熙宁只上了四次课程就重新投入了工作,虽然正念的力量还不是十分强大,但也能帮她在身苦出现的时候保持觉察,不掉入过去不断放大痛苦的负面循环。

"投入工作后,面对一些很难处理的问题,我会生起焦虑,但是惯性减少了很多,当一些躯体症状出现时也不会再经常陷入循环的焦虑中,好像跟这些症状能够和平地相处和生活。睡眠问题得到一些改善,睡不着的时候也不会再焦虑,一切都变得顺其自然。"

"昨天晚上我头痛欲裂,虽然很痛,但没有生起太多的焦虑,完全控制在身苦的部分,如果换作从前,我可能又生起了很多负面的情绪或者念头,现在我察觉到它只是我没休息好带来的反应而已。凌晨四点我开始慢慢平静,到了白天疼痛缓解了很多。为自己现在只把躯体症状控制在身苦而没有转化为心苦点赞,相信自己正念的力量会越来越强大!"

"身体上的躯体化反应,偶尔还是会跳出来,但是自己不会再陷入惯性了,已经完全可以掌控在身苦的部分,可以跟所有不同的躯体化反应和平共生,带着它们生活和工作。"

——熙宁,女,公司职员,28岁

我们强调身体的自愈力,并不代表排斥任何现代医疗手段及药物的治疗,现代医疗技术对于缓解疾病带来的痛苦以及加速疾病的疗愈是很有帮助的。但是我们也需要看到医疗手段的局限性,无论是药物还是各种医疗技术,都是作用于身体本身的,例如药物是恢复身体内部的平衡,手术是切除已经严重受损的部位,这些医疗手段对我们的心理是无法施加影响的,而心理对我们的身体和疾病有着非常重大的影响,是我们很多疾病的重要成因。

将疾病视为中性的不意味着我们完全被动地接受疾病,除了可以主动积极地做些治疗外,我们还可以去探索疾病的成因,同时在日常去避免这些成因,以减少后面再次发生这些疾病的可能,这就是我们通常所说的"因上努力,果上随缘"。前面我们引用过的亚隆的话称,每个症状都蕴含着意义,当我们了解了这些症状的意义时,症状就会消失,这是在提醒我们可以通过疾病带给我们的启示去学习和转化。在所有致病的因素中,情绪和心理的影响无疑是很大的,而这正是我们可以觉察和转化的。

在我的正念课程和咨询中,遇到最多的问题之一就是不断有人会问:"我身体上出现了××症状,请问老师具体原因是什么?"每当遇到这样的问题,我的回答通常都是:"抱歉,我也不知道!"这样回答的原因是我不想让学员失去一个自我觉察和探索的机会,而且我也坚信没有人,包括老师和咨询师,会比学员更了解自己。这些症状的出现是在提醒学员一定有某些地方出现了问题,学员都已经付出了产生症状这么巨大的代价,应该去珍惜这样的提醒,来更加充分地了解自己的各种思维、情绪及行为模式,看看这些症状的成因到底是什么,这个探索的过程可能比得到一个答案更重要。当我们逐渐发现导致疾病背后的模式时,自然就会开始转化的过程,这个过程并不容易,因为通常都是在对抗我们强大的习性,这种转化需要正念力量的支持。

在我多年前的一次心理课堂上,课程的主题就是肢体疗愈。当时一个学员称自己多年来一直有腰部疼痛的问题,经过很多的治疗,效果也不明显,希望通过个案分析来探索。当时来自加拿大的戴维·瑞斯比老师为他做了这个个案分析。在经过深度的阴式呼吸后,老师引导他开始联结和感受自己的腰部,然后他意识中逐步浮现出自己早期的一些模糊记忆:在一次打群架的过程中,他的腰部及身体其他部位因受到了对方的攻击而受伤,他躺倒在地上,周围的人都散去了,他感到无力、无助、恐惧,甚至绝望。这么多年过去了,这些情绪还是常常会出现,同时伴随着腰部疼痛。于是老师让他在学员中选择了一个自己最为信任的男同学,让这位同学慢慢扶起他,同时他的腰部靠着这位同学,斜躺在这位同学身上,他称此刻自己感受到了充分的支持和信任,身体感受到了安全与放松。老师让他通过身体记下来这些感受,同时形成一个"心锚",将来再次感受到无力、无助及恐惧时,试着唤醒这份身体的记忆。个案分析结束后,他称自己的腰部疼痛有了很大的缓解。

在这个案例中,来访者通过个案分析探索到了自己的一个创伤事件，症状隐藏的意义得以发现，症状有了很好的转化。但大家不要陷入误区，即认为每个症状背后都有这么一个典型的创伤事件，找到这个事件症状就好转了。其实很多人的某些症状背后可能并没有这么典型的创伤事件，而是一些持续的负面思维、情绪或行为模式长期累积的结果。

正念改善健康

情绪对我们的健康有着重要的影响，而正念对改善负面情绪有很大的帮助，自然可以改善我们的健康状况。

改善负面情绪

大脑是我们情绪产生的中心，我们的反射型情绪、记忆型情绪和认知型情绪分别来自爬行脑、情绪脑和理智脑。神经可塑性是最近几十年关于大脑的重要发现，神经可塑性是指由经验引起的大脑的神经结构改变。过去的科学家往往认为在婴儿关键期后，大脑结构较难发生重大变化。大脑主要由神经元细胞和神经胶质细胞构成，这些细胞互相连接形成神经回路，通过加强或削弱这些回路，大脑的结构可以发生改变。

大量的实证研究表明，**长期的正念练习可以重塑我**

们的大脑，进而改变我们一些顽固的负面情绪。我们借助深圳深湾科技公司研发的一款正念头环，可以实时看到正念练习中各种脑电波及压力、放松度、专注度等指标的变化。在正念课堂中我们使用正念头环经过多次观察，发现在正念练习中脑电波及情绪指标有下列变化：

- 正念练习可以有效地降低脑波频率，练习者很快即进入 α 波状态，这有助于提升学习能力、创造力及幸福感。
- 正念练习有助于专注度的提升。
- 正念练习中压力明显下降，放松度提升。

长期正念练习对大脑结构变化会产生很大影响。杏仁核是情绪脑中重要的部位，被认为是大脑的情绪中心，是我们感知恐惧、焦虑及压力等负面情绪最重要的大脑结构之一，因此也被人称为"恐惧中心"。研究表明长期的正念练习可以减弱杏仁核的激活程度，加强大脑皮层与杏仁核之间的连接，这样可以强化我们对负面情绪的主动调节，长期正念练习甚至可以让杏仁核本身的体积减小。大脑皮层就像是我们大脑的"司令"，是信息处理的中心，能对外界的各种刺激做出反应，大脑皮层越厚，"司令"的工作能力越强，研究发现长期正念练习可以增加大脑皮层的厚度，这样大脑皮层可以更好地管理其他低级的大脑区域，如情绪脑（包含杏仁核及海马体）及爬行脑，进而提升我们的专注、决策及情绪控制能力。海马体得名于其外形类似"海马"，位于丘脑和内侧颞叶之间，属于情绪脑的一部分，主要负责长时记忆的存储转换和定向等功能，还会参与调节大脑皮层的激活和反应，也有助于调节情绪，而正念练习会让海马体中的脑灰质密度有所增加，改善记忆力及情绪调节能力。我们大脑中还有一个与情绪和感觉密切相关的脑区——脑岛，这一部位是感觉的发源地，它能接收来自外界的信息，从而使我们产生诸如冷、热、痛、痒等感觉，同时脑岛也是许多负面情绪的发源地，当我们产生内疚、愤怒、恶心等情绪或感受时，脑岛会被激活，研究发现长期的正念练习能增加脑岛的皮层厚度，这说明正念能加强我们对身体感觉和情绪的敏感性，让我们与自己的联结更加紧密，进而增强情绪的应对与调节能力。

提升免疫力

免疫力是人体的防御系统，如同维持人体正常运转的军队一样。免疫力对人体非常重要。免疫力如果过低，会增加感染的风险，比如细菌、病毒等的感染。免疫力低下的时候，免疫系统识别身体里恶变细胞的能力也有可能下降,导致肿瘤发生的风险增加。但是免疫力也不能过高,过高的免疫力导致军队发生内讧,也有可能导致自身免疫性疾病的发生。所以维持人体免疫力的平衡和有序状态,是维持人体健康非常重要的一步。

研究表明,长期正念练习者体内的皮质醇浓度(应激激素)会有效减少,细胞活性及染色体端粒酶活性增强,这意味着正念可帮助我们的应激反应缓和下来,而细胞的活性和免疫力则在增强。正念练习时大脑中出现的大量 α 波,使大脑处于放松状态,进而促进如催产素等激素的增长,从而会使血管扩张和血液畅通,促进细胞进行新陈代谢,进而大大提升人体的免疫功能。这些研究结论都在从不同角度揭示正念练习和免疫力提升的密切关系。

改变基因表达

基因作为我们物质身体的起点,对我们的身体健康有着重大影响,而且这些影响似乎从受精卵时期就已经注定。但是最近的一些科学研究发现并非如此,基因虽然从人生下来时就已经注定,但基因表达受思维方式、情绪及行为模式等多种因素的影响。基因表达是我们每一个细胞内发生的过程,即基因序列被转录并翻译成蛋白质的过程,蛋白质则是我们生命活动的承担者和体现者。而正念，正是通过影响我们的思维、情绪及行为过程，来影响着我们的基因表达。

2014年，来自威斯康星大学的理查德·戴维森教授，将一组正念练习者同未进行练习的对照组进行对比研究，8小时的正念练习后，冥想者表现出了与免疫系统相关的基因表达方面的差异，即促炎性基因表达水平的降低。戴维森教授说，我们的基因表达处于动态变化的状态，正念可以引发个体基因表达的快速改变。

延缓衰老

在20世纪70年代，美国的布莱克本博士在耶鲁大学发现在染色体末端存在一种重复DNA结构，这种结构像一个保护帽，在细胞进行分裂、DNA复制时保护染色体的末端，这种结构称为端粒。端粒是保护染色体的"帽子"，简单来说我们身体里的端粒就像一个"生命时钟"，它的缩短就是细胞衰老的生物学标记。后来布莱克本博士及其团队在加州大学伯克利分校发现了端粒酶，这种酶能够保护和重建端粒。端粒酶可以比喻成"生命时钟"的维修工，它负责维修并增加它的寿命，所以衰老这一过程是可逆的。布莱克本博士对端粒和端粒酶的研究让她及其团队在2009年获得了诺贝尔生理学或医学奖。

在发现端粒和端粒酶与衰老之间的关系后，一个重要的问题出现了，那就是影响我们衰老的因素有哪些？布莱克本博士和埃佩尔博士经过大量的研究发现，精神压力越大的人，其端粒越短，而且端粒酶水平越低。随着端粒缩短导致机体损伤的证据越来越多，她们开始思考一个新的问题：如何保护端粒。后来对端粒的研究将她们带到了正念领域，这两位科学家与世界各地50~60个研究团队进行了合作，其中很多团队聚焦于寻找保护端粒不受压力影响的方法。大量不同的实验表明，身体锻炼、健康饮食和社会支持都有帮助。但是最有效的干预方法之一是正念冥想，它不但能够减缓端粒的磨损，甚至可能增加端粒的长度。

正念助眠

失眠的身体机制及药物治疗

当我们因为失眠问题去医院就医时，医生通常是询问几分钟，简单了解一下我们失眠的历史、现状等情况，然后就给我们开出安眠的药物，我们使用后如果效果不理想，再找医生更换药物。之所以可以如此简单地处理，是因为失眠的身体原因对绝大部分人来说都是类似的，而药物可以直接解决身体层面的问题。我们首先来探讨我们失眠的身体原因。

当我们在床上辗转反侧无法入眠时，最清晰的感受就是神经系统过于兴奋，大脑一直很清醒，无法进入入睡前的昏沉状态。和睡眠密切相关的是我们的自主神经系统，也叫植物神经系统，因其不受我们的意志支配而得名，可以分为交感神经系统和副交感神经系统。交感神经系统一般在白天更为活跃，属阳，主要负责在压力、紧张、焦虑等情绪驱动下启动应激反应，激活身体各个系统来应对挑战，是日常我们工作、学习中经常起作用的系统，好像电池的放电过程一样；副交感神经系统一般在晚上更为活跃，属阴，主要负责人体的休息、修复、消化、吸收、免疫等功能，好像电池的充电过程一样。这两个系统此消彼长、昼夜交替、阴阳平衡，保证我们身体的正常运行，而保持这个平衡的重要物质就是神经递质，神经递质是神经元之间或神经元与其他细胞之间传递信息的化学物质。

现代人的生活习惯导致很多人长期处于慢性压力和焦虑情绪中，这会导致其交感神经系统长期处于兴奋状态，而相应地，其副交感神经系统则处于抑制状态，这种自主神经系统失衡导致了相应神经递质的紊乱，这是失眠的直接身体原因。

安眠药物的机理是恢复大脑兴奋性神经递质和抑制性神经递质的平衡，失眠一般是因为兴奋性神经递质释放过度，安眠药物通过增强抑制性神经递质的功能而起效，同时具有放松大脑和肌肉、抑制呼吸以及抗焦虑、抑郁等作用。

自主神经系统失衡及神经递质紊乱只是我们身体上呈现的结果，而安眠药物只是通过修正这个结果来改善睡眠，这种修正可能让我们忽略这个结果的真正原因，所以我们可以说通过安眠药物来改善睡眠是治标不治本的。而且长期使用安眠药物还会产生依赖性，需要使用越来越大的剂量或者更强效的药物。安眠药物还会产生很多副作用，如头晕、成瘾、反应迟钝、肝功能受损、记忆力下降等。在此需要说明的是，我们并非排斥或否定安眠药物的使用，只是不希望大家过于依赖药物治疗，而忽视去探索失眠的重要成因，尤其是心理及行为层面的成因。只有发现并转化这些原因，才能帮助我们从根本上解决失眠问题。当我们有能力依靠自己来改善失眠的深层原因时，我们就不再需要依赖医生或咨询师来解决我们的失眠问题，而能够把自己的身体健康掌握在我们自己手中。

失眠的心理及行为因素

对于失眠的原因,很多人认为是外部的一些重大事件(如重要的演讲、面谈、考试、家人离世等)导致我们产生了更大的压力和焦虑。从实践经验看,也的确如此。但是这些外部事件并非必然导致失眠的发生,也有很多人在重大事情发生时并没有失眠,所以不同人的承受程度是不同的。我们还需要进一步探索引发失眠的内在原因。

在我们的正念课堂中,我多次征询过大家失眠的主要原因,根据反馈我们总结为几点:过度思虑、过多的负面情绪及感受、长期的不良行为习惯,而这几点恰恰是我们前面描述的认知行为模型中的几个关键因素。

1. 过度思虑

过度思虑是导致我们失眠的重要因素之一。很多人都有过这样的经历:当我们躺在床上辗转反侧时,脑子里面就像过电影一样各种念头连续不断,有对过去的遗憾后悔,有对未来的担忧紧张。重大事件更容易触发这类过度思虑,我们本能地希望通过过度思虑为未来做出最佳准备,但结果可能是无论如何都不能让自己满意。除了事件触发的过度思虑外,还有一些强迫性的思维是我们的长期信念,如"我不够好""我不配得""我没有意义"等，这些想法常常在我们的潜意识底层运作着。

绝大多数人的大脑很难真正安静下来，这些过度思虑的背景噪声一直充斥我们的大脑，这不仅仅发生在我们睡觉之前，而几乎发生在我们所有空闲之时。这种情况产生的原因，畅销书《当下的力量》中有所提及，作者称人类的思维构建了一个虚幻而强大的"小我"，如果没有这个"小我"，我们将面临更深层的恐惧。对于"小我"这种强大的无意识力量，我们需要通过正念训练，不断提升觉知力才能够与之抗衡，觉知力能够帮助我们"知幻即离"。

2. 负面情绪及感受

负面情绪及感受是导致我们失眠的最直接因素。当我们陷入过度思虑，尤其是很多人陷入负面思维时，根据前面的情绪 ABC 理论，当下我们就会生起各种负面情绪，如压力、焦虑、担忧、遗憾、后悔、紧张，甚至愤怒、恐惧等，而负面情绪与身体上的负面感受是一体的，这些情绪及感受强化了我们的交感神经系统兴奋，副交感神经系统受到抑制，继而导致前面我们所说的神经递质紊乱，失眠就自然发生了。

除了当下生起的这些影响我们的睡眠的负面情绪及感受，还有很多的负面情绪及感受是长期累积下来的，所以说失眠问题是"冰冻三尺，非一日之寒"，这是长期心理问题最终"躯体化"的表现之一。

除了一些外部事件容易诱发过度思虑及负面情绪外,失眠本身常常也是重要的诱发因素。如果很晚还无法入睡,我们就开始担心如果继续失眠,明天的学习或工作可能受到影响,健康可能受到破坏等,这些担心则更加加重交感神经系统兴奋,让我们陷入恶性循环而无法自拔,直到我们认识到"**对失眠的担心所造成的伤害,可能比失眠本身更严重**"。

3. 负面行为

长期的一些负面行为也是我们失眠的重要原因。由于对负面情绪的误解,很多人很容易通过一些负面行为来逃避负面情绪,如睡前刷手机、追剧、打游戏等,我们以为自己在放松,实际上这些行为会导致我们的神经更加兴奋,不能给我们创造一个有利于睡眠的身体环境。而日常生活中的这些上瘾行为则导致了我们负面情绪的累积,最终导致我们的失眠。

正念助眠的方法

正念助眠的原理就是通过持续的正念练习,来改善我们的过度思虑—负面情绪—负面行为的循环,进而改变我们的神经系统失衡及神经递质紊乱的状态,从而达到助眠的目的。这种方式没有任何副作用,而且可以从根本上解决失眠的问题,对于初学者有及时的助眠效果,但要改变我们长期的思维、情绪及行为习性,就需要长期持续的练习,而这是很多人遇到的最大困难。

1.正念呼吸

正念呼吸可以帮助我们快速地安定平静下来,进而尽快地入眠。当我们集中注意力于呼吸上时,可以很好地放慢甚至停止我们的强迫性思维,从而弱化我们思维—情绪之间的循环。正念呼吸练习本身就是一个很好的放松练习,甚至有一本书就叫作《冥想5分钟,等于熟睡一小时》。

正念呼吸最大的困难在于很多人觉得很难专注在呼吸上,尤其是对于初学者,可能没有专注几个呼吸就被念头带走了,这非常自然而且正常,而且这时候念头的出现也是一个情绪能量释放的过程。关键是我们不要陷入这些念头,继续放大更多的情绪。如果此时我们致力于消灭念头,这种对抗反而让我们更难平静下来。

2.念头观照

正念专注呼吸时,我们发现念头是如此之多,停下来如此困难,这时候我们可以尝试去观照念头。观照念头只是去观照念头的生灭来去,而并非被念头带走,陷入念头而失去观照的能力。当我们这样持续地观照念头时,更容易发现念头的虚幻性,和念头之间就会逐渐拉开距离，于是我们就会切断思维—情绪之间的关联。这样哪怕念头仍连续不断，我们的内心也可以逐渐平静下来，达到助眠的效果。

3. 身体扫描

在准备入眠的当下，由于过度思虑以及睡前的一些负面行为，我们内在充满了各种情绪，很难平静下来。这时候身体扫描练习可以很好地释放当下的情绪能量，然后达到助眠的目的。这些情绪能量除了来自当下或当天的事件，还可能来自过去的累积。随着身体扫描的深入以及练习时间的延长，我们还可以释放和清理这些累积下来的情绪能量，这是在消除导致我们失眠的身体根源。

通过身体扫描练习，我们可以学会与各种负面情绪和感受相处，增加我们的平等心，这是在改变我们趋乐避苦的深层习性。这种能力有助于我们改变负面情绪—负面行为之间的关联，因为当我们有能力在负面感受中不产生自动化反应时，我们就可以转化这些负面行为，而这可以消除导致我们失眠的日常不良习惯。

4. 478 呼吸法

正念呼吸保持专注比较困难，现在我们介绍一种新的呼吸方法——478 呼吸法。这个方法不仅能改善睡眠，还能缓解焦虑。其原理是首先让肺吸入更多的氧气，身体中氧气增多能调节人的副交感神经系统功能；然后屏气以提升我们对二氧化碳的耐受性，让红细胞释放出更多的氧气，身体和细胞被充氧的程度就越高；最后长长地吐气，可以持续刺激迷走神经，让其保持副交感神经系统占优的状态，有利于放松和休息。同时这个方法让我们对呼吸长度进行计数，更有助于我们提升专注力，减少强迫性思维，进而舒缓情绪，因此有人称之为"神经系统天然的镇静剂"。具体步骤如下：

请找个地方安静地坐下来，如果是睡前练习，也可以躺下来做这个练习，更能助眠。

- 闭上嘴巴，用鼻子深吸气，在心中数4个数：1、2、3、4。每个数大概持续1秒。
- 停止吸气，屏住呼吸，在心中数7个数：1、2、3、4、5、6、7。
- 用嘴巴充分呼气，同时心中数8个数：1、2、3、4、5、6、7、8。
- 过程中可以结合观想：吸气的时候想象新鲜的能量跟随空气进入身体，屏气的时候想象这些新鲜的能量扩散到全身各处的细胞中，呼气的时候想象身体里面的压力、焦虑以及紧张等负面情绪随着呼气完全地排出体外。

- 上述步骤循环进行，时间长度根据自己的需要灵活把握。

阴式呼吸

呼吸的意义

呼吸是人体最重要的生理机能之一。大脑对缺氧异常敏感，脑缺氧30秒，可能会导致昏迷；缺氧3分钟，可能会造成不可逆的脑损伤；缺氧6分钟，大脑就会死亡。呼吸能调节我们的自主神经系统。吸气时交感神经系统占优，帮我们应对工作及生活；呼气时副交感神经系统占优，帮我们休息及放松。一呼一吸之间，维持着我们的平衡和平静，这种节律是人体的自然本能。

这种本能在孩子以及动物身上都有明显的表现。我们如果观察过婴儿的呼吸，就会发现他们的呼吸又深又长、自然而放松，腹部随着呼吸平稳起伏，好像全身都在呼吸一样，这种腹式呼吸就是老子所谓的"专气致柔，能婴儿乎"。同样动物在自然状态下的呼吸也类似，例如你去观察一只懒洋洋的猫或狗，也会发现它们的呼吸都是这样自然放松的腹式呼吸。

然而作为现代的成年人，我们似乎都忘记了自己小时候是如何呼吸的。由于长期的慢性压力，我们很多人都处于"慢性应激"状态里，于是我们日常的呼吸就是应激式呼吸。这类呼吸短而浅，常常只能呼吸到胸部，这种呼吸可以称为生存式呼吸，只能维持我们的基本生存，让我们时刻处于"攻击或逃跑"的状态里。这种呼吸容易引发慢性疲劳、紧张等诸多不良身心状态，慢性疲劳的生理本质是"身体缺氧"，但不是血液中缺氧，而是大脑、肌肉和其他重要器官得不到充足的氧气，也就是说，身体对氧气的利用率太低了。

呼吸状态和我们的健康、情绪等密切相关，它们彼此互相影响。当我们长期处于负面情绪状态时，呼吸偏离了自然状态，进而加剧了我们的负面情绪。反之，我们也可以通过调节呼吸，来改善我们的情绪及健康。下面介绍的阴式呼吸，就是我们可以主动采取的呼吸方式。让我们的呼吸回归自然状态，能缓解我们的负面情绪，改善我们的身体健康。

阴式呼吸的价值

阴式呼吸又叫赖克式呼吸，由美国心理学家威廉·赖克（Wilhelm Reich）创建，它的理论基础是生物能，其功能就是让生物能畅通地流动，而非"卡住"。赖克是最早的身体动力治疗流派的心理学家,倡导以身体为中心的治疗。他最早提出"身体盔甲"的概念,即身体被情绪能量"卡住"变得紧张而僵硬,而通过深度呼吸及一定的按压,被压抑的情绪就会以一种宣泄的方式浮现出来,并伴有一种"轻松、鲜活、有生命力"的感觉,"身体盔甲"得以释放。

负面情绪会引发不同部位的肌肉紧张,如眉头、牙关、颈部、肩部、背部、腰部等。如果情绪进一步累积,就会导致这些部位的劳损、炎症或疼痛。我自己就曾经有过这样的劳损经历:

> 我曾经有过较严重的颈肩劳损,在医院做检查时发现颈部的生理曲度已经变直,我当时以为是长期对电脑工作所致。后来有一次,我站在办公室的窗前思考问题时,感到有些焦虑,突然我留意到我的肩颈不知为什么变得很紧绷。我发现了我肩颈劳损的重要原因,那就是我的焦虑和压力,因为我自己是一个长期思虑较重的人,过度思虑自然导致焦虑,我的焦虑反应就是颈肩绷紧。后来,我不断觉察到,当我静静地站着,什么都不做时,那些涌现的焦虑和我的颈肩紧绷就会同时出现,这好像是一种无意识的自然反应。当我意识到这个联系后,我开始有意识地做一些颈肩放松,并通过阴式呼吸及其他正念练习不断释放焦虑情绪。现在我的颈肩劳损已经有了极大的缓解,不再是一个困扰。

阴式呼吸通过主动的、深入而饱满的呼吸，打破我们很多人日常短而浅的应激式呼吸模式。当我们深呼吸时，那些强迫性思维就更容易停下来，使我们当下不再制造更多的负面情绪；大量的新鲜空气进入身体，可以加速新陈代谢，产生更多的能量，改善我们身体因长期缺氧产生的慢性疲劳状态；深呼吸还能够强化我们的副交感神经系统，弱化长期绷紧的交感神经系统，让我们更深度地放松和休息；深呼吸时可以释放很多的负面情绪，提升我们的免疫力，改善多种亚健康状态。如果在专业人士的支持下，阴式呼吸辅以指压等与肢体相关的工作，可以实现情绪的极大释放，还可以继续做创伤疗愈的深度个案探索。

阴式呼吸的方法

注：阴式呼吸练习音频

1. 准备工作

- 找一个相对私密、安静的地方躺下来。
- 准备好纸巾与一条毯子，可随时使用。

- 摘下手表、眼镜、首饰等物品，并且松开较紧的领口或皮带。

2. 身体姿势

- 平躺，不用枕头。
- 双手自然放在身体两侧。
- 膝盖弯曲，双脚平放在地面上，双脚之间大概与肩同宽，两膝之间大概一拳距离。

3. 呼吸方法

- 建议闭上眼睛呼吸，有助于更专注。
- 放松下颚，嘴巴自然张开，就像在咬苹果，全程用嘴深度呼吸。
- 吸气时首先腹部微微鼓起，然后带动胸腔扩大，让更多的空气进入身体；呼气时腹部慢慢回收，尽量多地将空气排出体外。呼气与吸气之间保持连续。
- 呼气时可以发出声音，就像是一声长长的叹息，有助于全然地放松。
- 持续保持深入、饱满而又放松的呼吸，专注在当下，如果被一些念头带走，尝试再次回到呼吸上。
- 呼吸结束时，慢慢停下来，恢复至正常呼吸节奏，再躺一会儿，慢慢侧身休息，准备好时用一只手撑着身体缓慢起身。

4. 身体反应

- 开始由于不习惯用嘴呼吸,可能出现口干舌燥的情况,这时可以通过吞咽口水调节,继续保持呼吸。
- 深度呼吸可能导致头晕,脸部、四肢、胸口等位置出现麻木、刺痒、抽动等反应,这些是自然反应,不严重时可以继续呼吸。
- 可能出现烦躁、愤怒、悲伤等情绪,允许这些情绪自然流动和释放。
- 身体里某些位置可能出现酸麻胀痛等感受,保持观照,不拒不迎,允许各种感受的出现。
- 身体可能出现一些自发的活动,如转动、抖动、手脚的拍打、臀部的起伏等,在保证身体安全的情况下,允许这些活动的自然发生。

5. 注意事项

- 开始练习时需要专业老师指导进行。
- 初期建议每次练习10分钟左右,然后根据身体情况逐步延长练习时间。
- 某些情绪可能伴随咳嗽或呕吐,有东西在胸口或喉咙时就吐出来,然后可以继续练习。

- 如果出现麻木、疼痛、抽搐等感受，温和地与之相处。如果反应过于强烈，允许自己随时停下来，可以让呼吸回到正常状态，随后反应会逐步消失。
- 练习中放下要达到什么状态的期待，只是专注于呼吸本身，允许一切自然发生。

清晨的微风有着它的秘密要讲述

别再回去睡了

一整夜

在两个世界之间的门槛处

人们来来回回

别再回去睡了

门已经大大敞开了

别再回去睡了

别再回去睡了

——鲁米

第8章 跳出循环：解脱痛苦

林青峰是一名大二的学生，于2023年3月~5月参加了第四期正念训练营，他的学习分享涵盖了自己在认知行为过程中的全面转化。

经过一段时间正念训练营的学习与实践，我对自己的思维、情绪和行为有了更深刻的了解和掌握。这次经历让我明白，正念不仅仅是一种冥想技巧，而是一种生活方式，它可以帮助我们更好地理解并接纳自我，从而引导我们走上更健康、更和谐的生活之路。

首先，在思维上，正念训练让我开始更加注重观察和思考，而非盲目地接受或反应。我学会了如何平静地观察自我的思绪，而不是被它们牵着走。我逐渐明白，每个人的思维都有其特点和模式，理解并接纳这些思维模式才能真正地把握自我。以往，我可能会迷失在纷繁复杂的想法中，而现在，我能够更清晰地看到我的思维过程，并通过正念训练来调整它。

其次，在情绪上，我感觉到自己变得更加宽容和理解。正念训练教给我如何接纳和处理各种情绪：无论是开心、伤心，还是愤怒、焦虑，我都尝试去理解它们的来源，而不是简单地忽视或压抑。我开始明白，情绪只是一种暂时的心理状态，我们可以通过正念训练来接纳并处理它，而不是被它支配。

最后，在行为上，我发现自己在日常生活中变得更加专注和沉稳。我开始注意到自己的日常行为，如吃饭、走路、工作等，试图以更放松、更有意识的方式进行。这种转变使我能更专注于当下的事情，而不是身处其中却思绪飞扬。

总的来说，正念训练营的学习让我有机会重新审视自我，对自己的思维、情绪和行为有了更深入的理解。我开始认识到，正念不仅仅是一种技巧，也是一种态度，一种对待生活、对待自我的态度。我相信，随着我在正念道路上的进一步修炼，我将能更好地把握自我，拥抱生活。

——林青峰，男，大二学生，20岁

林青峰通过在思维、情绪和行为上的觉察与转化，更好地掌握了自己的认知行为过程。认知行为循环每时每刻都在我们内在发生着，如果我们常常处于负面思维—负面情绪—负面行为的循环中，痛苦就会不断地累积，制造越来越多的身心挑战。前面的章节我们探讨了每个环节的转化，本章我们从各个环节之间的关系以及整个循环的动力等角度来探讨如何转化负面循环。

循环中的因与果

内在为因，外在为果

很多人都有一个误区，认为我们的身心挑战，如压力、焦虑及失眠等，都是外在因素导致的结果，如那些工作上的竞争、房贷、别人的评价、关系等，进而认为如果解决了这些外部问题，我们的痛苦就会消失，所以很多人的焦点就会放在这些外部问题上。然而我们会发现，各种外部问题会一直出现，总也解决不完，直到我们身心俱疲。直到有一天，我们发现我们的内在过程是如何不断创造这些外部问题的，我们才能找到我们痛苦的根源，其实不是外因，而是内因。自言走到人生边缘的杨绛先生在其《一百岁感言》中写道，"我们曾如此期待外界的认可，到最后才知道：世界是自己的，与他人毫无关系"。

在我自己多年的学习和内在转化过程中，我认为最重要的一个转化就是把焦点从外在转向内在，我越来越深刻地体验到"境由心生"的含义，从聚焦于改变别人到致力于转化自己，自我负责。这就如同当我们在投影屏幕上看到一个错别字时，我们并不需要在屏幕上改变这个字，而是找到电脑做修改，这才是解决问题的根本。

心理过程中的因果

1. 感官知觉

在我们很多人的理解中，认知行为循环的起点是感官知觉，例如一件事情发生了，我看到或听到了一些信息，然后才产生了后续的想法、感受及行为等，感官知觉应该是这个循环的起因，但实际上这是我们普遍的一个误解。

在前面感官知觉的原理中，我们讲到感官知觉实际上是我们大脑里特定的固有神经回路所产生的图像。这样来看，感官知觉实际上是一个果，是外界刺激和大脑固有神经回路共同作用而产生的结果。那导致这个果的因在哪里呢？因就是这些固有的神经回路，而这些固有的神经回路是由过去的行为造成的，所以过去的行为才是感官知觉真正的因。过去行为所塑造的大脑神经回路，如同给我们戴上了一副"有色眼镜"，我们只能通过这副有色眼镜看世界，而无法看清真实的世界是什么样子。

2. 想法

认知行为循环中的想法是一个重要的因，想法就像一台发动机，为这个循环产生各种感受源源不断地提供动力。从情绪ABC理论我们就可以看出，正是因为各种强迫性的负面评判，才让我们不断产生各种负面情绪，这是我们精神内耗的重要来源；同时想法中的意图是我们行为的重要起点，起心动念导致了后面一系列的行为发生。

很多人会习惯性地把自己的想法归因于外在因素，例如是因为别人如何对待我们，或者外界发生了什么样的挑战，才导致我们出现了哪些想法。这实际上是一种受害者心态，没有意识到在想法这个部分，我们是有选择的。无论外界发生什么，我们都可以去选择如何看待这些人和事,所以我们才说认知是这个循环重要的因。当然这种选择是不容易的,需要借助正念的力量,克服我们负面思维的强大惯性。

3. 感受

感受和情绪是一体的两面,我们前面探讨感受和情绪的来源时,提到有三种来源:来自外界直接刺激引发的反射型感受、长期储存在身体里的记忆型感受和由思维引发的认知型感受。实际上我们当下的感受是这几种感受叠加的结果,所以感受显然是一个果。

然而在循环中,感受又是行为重要的因,因为我们趋乐避苦的强大习性,感受推动着我们产生各种行为,甚至感受驱动行为的力量要比认知驱动行为的力量大很多,因为情绪脑的优先级要远高于理智脑。

在传统的五蕴模型中,通常的说法是"受想行识",而不是我们通常认为的"识想受行",这里面蕴含着重要的信息。"受想行识"把"受"放在第一位,作为循环的推动主因也有其道理。我们很多人都有过这样的一些体验,当我们无意识地陷入焦虑或愤怒的感受中时,常常会抓取一些外界的人或事,进而产生负面的想法,这些负面的想法就会不断放大初始的负面情绪,导致陷入恶性循环。

叶青是我的一个长期咨询客户，是一个焦虑症状非常严重的年轻人，长期处于失眠状态，初期的咨询主要集中在失眠问题上，因为失眠引发了焦虑，焦虑又加重了失眠。经过一段时间的咨询，在认识到失眠和焦虑之间的相互影响后，他逐渐放下了对失眠本身的焦虑，症状有了很大的好转。最近的咨询中，他开始聚焦于自己的亲密关系，称自己常常对女朋友有很多的担心，担心对方和其他异性的关系，担心对方不喜欢自己，等等，进而产生了更多的焦虑。我提醒对方，当我们开始陷入焦虑时，很容易想找一个"抓手"，来证明我们焦虑是有道理的，但这个"抓手"很容易让我们又陷入焦虑不断放大的循环。可以通过一些方法来打破这个循环，比如去核实自己的担心是不是合理的。后来他与女朋友做了坦率的沟通，帮助自己打破了这个循环。

所以感受既是果，也是诱发我们行为和思维的因，甚至还是我们前面说的"有色眼镜"的主要成因。一个焦虑的人，看到的都是容易让自己焦虑的人和事，这就是"境由心生"，如果我们没有觉察，甚至我们还会不断地创造出让我们焦虑的现实。

4.行为

我们通常会按照"识想受行"的逻辑认为，行为是一个果，是在外因、想法和感受推动下自然产生的一个被动选择和回应，这样好像就不用对自己的行为负主要责任了，例如通常大家都是"以眼还眼，以牙还牙"，然而这只是诸多选择中的一种而已。

行为才是更为重要的因。如果我们认识到行为的重要意义,行为对我们神经回路产生的重要影响,进而对我们未来命运产生的深远影响,我们就会更加慎重地选择我们的行为。"修行"修正的实际上是我们的行为,因为这是重要的因,决定了我们后面的识这个重要的起点。佛法修行最重要的原则是"戒、定、慧",而戒是修行的起点,戒的对象就是行为,所谓"诸恶莫作,众善奉行"。

因有善恶,果无好坏

探讨因果的一个重要目的是让我们清楚我们需要在哪里努力,否则努力的方向错了,就是南辕北辙。我们很多人都想要一些所谓好的结果,如好的工作、好的关系、好的成绩等,然而需要清楚的是任何好的结果都是由各种因缘条件造成的,只有认清这些因缘条件,并在这些条件上努力,才能得到好的结果。例如如果想收获苹果,我们就需要在合适的季节,把苹果种子种在合适的土壤中,然后提供水分、阳光等条件,必要的时候去除虫害的影响。当这些条件都具备时,苹果树如何生长、长多快、何时开花结果、结出什么样的果,这些就不是我们能决定的了。这就是所谓的"因上努力,果上随缘"。

然而我们很多人无法做到真正的"果上随缘"，因为我们对结果常常有着很多好坏的评判，无法接纳一些所谓不好的结果，这些抗拒又会制造更多痛苦。例如，假如我们现在得到了一个三星的评价结果（最好是五星），我们很不满意，这种抗拒表现为：我们有时会活在过去，遗憾有哪些事情我们没有做好，进而衍生出更多的内疚与自责；有时又会活在未来，担心这个评价结果可能影响我们的晋升及奖金，进而制造更多的焦虑和紧张。

当一个结果已经出现的时候，有没有好与坏？这是一个需要我们认真思考的问题。很多人通常认为结果当然有好坏呀，例如生病、失业、死亡等，这些能是好的结果吗？实际上，结果的好坏并非由结果本身决定，而是发生在认知者的主观判断里，也就是前面论述的情绪ABC理论的"B"——信念中，而结果本身则是中性的。例如对于生病，如果我们仔细了解了自己的病因，并在以后注意预防这些病因，那生病就会成为一个我们转化的机会；失业可能意味着一个新的开始，如果我们努力寻找，也许会有更好的工作机会；即便是对于死亡，历史上有庄子对于妻子的死"鼓盆而歌"的典故，歌曰："生死本有命，气形变化中。天地如巨室，歌哭作大通"。这让我们对死亡的认识有了另一个全新的角度。

当我们真正接纳"果无好坏"时，我们就会坦然面

对当下所发生的一切，不会陷入过度思虑所引发的精神内耗，这会极大减轻我们的痛苦，因为我们很多的痛苦就发生在对当下的抗拒中。 当然很多人担心，如果我们这样接纳了结果，是不是将来就没有了进步的动力，因为反正一切结果都是中性的。这是一个很大的误解，因为接纳"果无好坏"和"因上努力"是两件事情，如果我们期待一个好的结果，当然还是需要前面做因上的努力的，而且因是有善恶属性的，更需要我们慎重对待，因为"种瓜得瓜，种豆得豆"。

具体到我们的认知行为循环中，一方面这是一个循环，循环的每个部分互为因果；另一方面每个部分的因果属性还是有所不同的，进一步清晰属因属果，有助于我们找到可以改变这个循环的着力点。

对于感官知觉，无论什么样的人或事出现时，我们都应该知道感官知觉是一个果，是一个外部信息和大脑神经回路共同创造的果，这是我们当下无法改变的部分，是需要接纳的。当然，在我们可控的情况下，也可以有意识地减少一些容易引发我们负面循环的不良信息的输入，如一些不健康的书籍、音像、食物以及烟酒等。

对于认知部分，有识别、评判和意图三个部分。其中的识别部分是我们以往学习及经验积累的结果，这部分属于果；评判的部分虽然也受过去的影响，但当下如果具备正念的力量，我们也可以做出有觉知的选择或做一念之转，因为这部分是后面情绪重要的因；同样意图也是这样，虽然也受过去的影响，但意图是后面行为主要的因，需要我们有觉知地慎重选择，这就是"起心动念"的部分，是我们修行中最隐微的部分。

对于感受部分，外界刺激、身体记忆以及认知所引发的显然都是一个结果，这样的结果是没有好坏的。感受是一股在当下生起的能量，这股能量本身是中性的，尤其是当这股能量可以自然地流动与释放时，也不会对我们的身心产生负面影响。然而，虽说感受无好坏，但我们应对感受的方式常常是有问题的，这些应对方式就是我们的行为。

对于行为部分，一些不能自我负责的人会把自己行为的责任归因于外界或他人，这样就等于放弃了我们对自己命运的掌握权。行为从表面上来看，是外界人、事、物的刺激，或者内在感受驱动带来的结果，但实际上行为是最重要的因，驱动着我们的内在循环不断进行，决定着循环的方向是正向还是负向的，所以我们的行为，具体来说是指身口意，才是我们修行的重点。

总结一下，在认知行为循环中：感官知觉和感受是果，是需要我们接纳的部分；而认知和行为是因，是需要我们保持警觉，并不断转化的部分。这样持续努力，才能帮助我们跳出负面循环的束缚，把命运掌握在自己手中。

循环的动力

认知行为循环中的因果分析帮我们看清各元素之间的因果关系，有利于我们转化负面循环。除此之外，我们还需要看清这个循环更底层的动力，这样才让我们更容易跳出这个强大的循环。这个更底层的动力根植于我们更深层的潜意识，包括执取、抗拒及无明，在佛法中的表述就是贪、嗔、痴。

执取

执取首先表现在我们对外部人、事、物的贪婪和抓取上，例如成就、名利、地位、权力、房车等，好像靠这些才能堆积起一个所谓成功的自我。这些目标通常都在未来，于是我们一直活在对这些目标的追求中，获得成功带来的短暂的喜悦后继续追求下一个目标，不成功就陷入挫败和失落中。这时我们就很难真正地活在当下，因为每个当下都成了达成未来目标的手段。

当然对外在的执取最终会体现在对内在的执取上，因为外在的一切是通过内在的心理过程来达成的。例如当我们希望通过炒股票挣钱时,在感官知觉上我们会不断地收集各种看到或听到的信息,会因此陷入强迫性的思虑中,不断思考如何买进抛出,由此引发了大量的焦虑、紧张,甚至失眠,以至于在行为层面上可能无法专注于我们的本职工作,甚至还可能引发各种抽烟、喝酒、打游戏等上瘾行为。

执取的深层动力来自我们对正面感受的贪求,这是人类趋乐的深层习性。然而这种由于贪求而产生的快乐,也会伴随着"求不得"或"怕失去"的各种痛苦,我们就是在这两个极端之间摆动而无法平静下来。内在的习惯性想法、价值观或某些信仰也很容易让我们执取不放,这是人与人之间冲突的根源。

觉察执取这种力量是不容易的。一方面很多人很容易把执取合理化为正常的追求,认为这是我们前进的动力,没有这种动力,我们就无法去实现我们的各种目标;另一方面这些执取通常都隐藏在我们的深层潜意识中,需要正念所培育的强大觉知力才能洞察到。

抗拒

抗拒首先表现在我们对于外界各种人、事、物的不接纳上,这种不接纳制造了愤怒、仇恨等各种负面情绪,衍生出很多的抱怨、指责、暴力;其次对我们自身的各种现状我们也常常不接纳,于是很容易陷入恐惧、焦虑、紧张中,引发自责或其他自我攻击的行为。抗拒就是不接纳当下,由此制造了很多不必要的痛苦。

在我带领的一个青少年团体中,我留意到一些孩子手臂上清晰的伤痕,这些孩子都常常受到焦虑及抑郁的深度困扰。交流中,有孩子称是因为自己心里太难受了,就用小刀划自己,身上的疼痛出现时,心里的难受就缓解了许多。我听到这些时心很痛,知道这些孩子还无力面对自己内心的痛苦,只能通过这样残酷的方式来转移。我们在课程中引入了大量的正念练习,其中一个很重要的练习就是身体扫描,通过这个练习,引导孩子们学习和身体里的不舒服感受共处,不抗拒,不逃避。后面的分享中,孩子们称这个练习很困难,因为很多不舒服的感受都会冒出来,但接纳这些不舒服感受的能力也逐渐提升了。

抗拒的深层动力来自我们对负面感受的排斥,这是人类避苦的深层习性。然而逃避痛苦所引发的一系列诸如上瘾、转移或投射等行为,恰恰让这些痛苦更多地累积在我们的身体里,形成了更多的身心挑战。

同样,觉察抗拒这种力量也是不容易的。很多人很容易把抗拒合理化为正常的行为,认为只有我们不接纳,才更容易有改变现状的动力和行为。这个问题我们在前面的行为转化中曾经探讨过,对自我和现状的接纳,反而更容易让我们做出一些改变的新选择。抗拒的力量与执取的力量一样,也常常隐藏在我们潜意识深处,增加了我们觉察的难度。

无明

让我们深陷负面认知行为循环的力量来自执取和抗拒,那为何我们会执取和抗拒呢?因为我们的无明,缺乏正见和智慧。

我们以为执取才能更好地帮我们达成目标,其实一切本来就在变化中,我们只需放松地去做当下可以去做的事情,顺应变化,也可以达成我们的目标;而对于我们抗拒的当下的人、事、物,我们不知道这都是过去的因自然导致的结果,"因有善恶,果无好坏",抗拒这些自然的结果只会增加我们的痛苦,我们唯一能做的是在这个当下去选择创造新的因,以便在未来得到更好的果。

我们在这个循环的每个环节上也缺乏正见。如不了解我们眼里的世界并非客观的世界,而是我们大脑投射的图像;不清楚我们的评判并非事实,只是我们当下的想法或编造的故事;情绪并非外界的人或事引发的,是我们自己的评判造成的;不清楚情绪无好坏,我们只需要学会如何和负面情绪相处;不清楚情绪与身体的关系,很多身体的问题是由情绪的累积造成的;不清楚行为的意义，每个当下的身口意都在塑造我们的未来。这些无明导致我们深陷负面循环而无法自拔。

无明还体现在对于我与这个世界本质的认识上，我们都戴着与生俱来的有色眼镜，各种偏见和情绪构成了看清真实的障碍。所以**智慧是一个不断做减法的过程，不断地放下各种错误的知见以及负面情绪的影响，减少在各种外界人事物上的黏着**，正所谓："为学日益，为道日损。损之又损，以至于无为。无为而无不为。"

循环的主人

何期自性，本自清净；何期自性，本不生灭；何期自性，本自具足；何期自性，本无动摇；何期自性，能生万法。

——六祖慧能

我是谁

探讨循环的主人，就是要面对一个千古难题：我是谁。

苏格拉底的哲学宣言——"认识你自己"，表明他开始试图探讨"我是谁"。笛卡儿的名言"我思故我在"，表明他认为人通过思考而存在。弗洛伊德认为自我

(ego)由一系列心理过程（如思维、记忆、推理等）构成，协调本我的无理需要和超我的刚正不阿之间的关系。有"美国心理学之父"之称的威廉·詹姆斯认为：自我存在于一个统一体中，由各种想法和知觉组成，而情感是它们的纽带。这些心理学的理论都构建在有一个自我存在的基础上。

现代主流心理学认为身心组合构成了一个完整的、真正的自我，也就是认知行为模型各元素的组合，包括我们的身体、感知、意识（甚至还包括潜意识）、情绪和行为。伴随着个人的死亡，这些组成元素消失了，自我也就消亡了，因为科学也无法证明有过去世和来生。所以很多人只注重过好这一生，甚至会恐惧死亡，不惧因果，纵情享乐等。心理学需要一个主体"我"的存在，才能认识客体对象。

把"我"等同于各元素的组合会带来很多问题。例如如果视"我"为我的思想，就很容易对我的各种思想产生深深的执着，而且很难让自己的思想停下来，否则"我"就不存在了，这些强迫性的思维给我们制造了大量的问题。埃克哈特·托利在《当下的力量》中提出，他认为这个"我"并非真实的自我，而是虚幻的"小我"。他写道："小我由思维活动组成，只有不断地思考它才能生存。这是一个错误的自我，它是我们无意识地认同于思维而产生的。"很多人还容易把情绪和感受认为是我，这样我们就会从各种痛苦中获取虚假的自我感，并牢牢地抓住这些痛苦不放，因为如果没有这些痛苦，我们就更不知道自己是谁，这将让我们面对一种虚无和不确定感，那会导致更深的恐惧，埃克哈特·托利把这些负面情绪和感受称为痛苦之身。小我构建在强迫性思维和痛苦之身上，需要以持续的思虑和制造痛苦为食，否则小我将会面临消亡的威胁。所以这个负面的认知行为循环才会如此强大，因为我们将小我误认为是真实的我，并不断地通过负面思维和负面情绪来强化"我"的存在。

如果这个身心组合而成的我只是一个虚假的小我，那我到底是谁呢？我们继续从另一个角度来探讨这个问题。

无我的智慧

佛法智慧认为五蕴中的每一蕴都是无常变化的，本性是空的，所谓"五蕴皆空"，都是各种条件的组合，条件成熟就存在，条件消失就消亡，所谓"缘生缘灭"。色蕴指我们的身体，身体由精子和卵细胞结合而成的受精卵不断发育而成，需要食物、水分、空气等条件才能生长发育；随着每一次呼吸的进行，身体每一刻都在变化，细胞不断生灭，直到这一期生命的结束，身体死亡消失。

受蕴指我们的感受，随着内外条件，如温度、湿度、健康状况等的变化而不断变化，一刻也不会停止。想蕴指我们的想法，同样随着外在人事物以及内在的回忆、展望、感受等条件的变化而不断变化。行蕴指我们的行为造作，包括身口意，在内外各种条件或想法的推动下，我们的行为也在不断地变化。识蕴指我们的感官知觉，是由我们的五个感官眼、耳、鼻、舌、身和外在的色、声、香、味、触和合而产生的结果，内外条件不断变化，由此产生的感官知觉也一刻不停地变化。以眼睛看到外物为例，除了需要眼睛和外物两个条件外，还需要光线、空间、意图等，才能够完成眼看的功能，这些条件消失，我们就看不到物品。佛法中常常把身体比喻为一堆泡沫，感受好像水泡，想法如虚妄的海市蜃楼，行为好像空心的芭蕉茎，感官所感知的只是虚假的幻境。

既然五蕴变化不停，没有自性，那五蕴组成的"我"也不可能有真实的自性，"我"显然也是空的，这就是无我的智慧。然而，空并非什么都没有，空非色、非受、非想、非行、非识，甚至用任何一种描述来形容空都是不准确的。事实上理解佛法的空性是最困难的，甚至不可能靠思维去理解空性，只能靠证悟达成。对于这个所谓真实的"我"，佛经中给出了很多名字，如自性、真心、佛性等，但都是所谓的"假名安立"，但在这些假名的背后，确有自性的存在。

无我的智慧其实给了我们更大的自由，帮我们从各种束缚中解放出来，如我不再是那些强迫性的思维，不再是那变幻莫测的情绪，不再是随时可能消亡的身体，这样我们就可以从柏拉图的洞穴中走出来，看到真实的自己和世界。

开放觉知练习

注：开放觉知练习音频

请找个地方安静地坐下来，挺直你的脊柱，放松你的身体，双手自然放在身前，然后你可以慢慢地闭上眼睛开始这个练习。

首先我邀请你把注意力放在自己的身体上，留意此刻你稳稳地坐在椅子或者垫子上，留意你的臀部与椅子或垫子之间清晰的接触感，你甚至可以留意这种接触感会由于你身体的某些摇动而发生变化，你也可以去留意双脚与地面的接触感，或者双手与其他身体部位的接触感，通过这些接触感把我们带回当下。

现在我邀请你把注意力放到你的呼吸上，去留意此时此刻你呼吸的状态，清晰地留意每一次吸气和呼气，吸气的时候知道"我"在吸气，呼气的时候觉察"我"在呼气。你也可以去留意每一次呼气和吸气的长或短，呼吸长时知道呼吸长，呼吸短时觉察呼吸短。持续地、清晰地观照每一次呼吸，让呼吸成为觉知这个巨大的空间里面唯一的对象，就好像在觉知这个巨大的舞台上，只有呼吸这么一个演员在表演……

现在我邀请你把注意力放在你能够听到的声音上，留意此时此刻你能够听到的任何声音。也许周围有人在说话，也许窗外有鸟叫的声音，或者是空调的风声、其他电器的声音，去留意你能够听到的任何声音，只是去观照这个声音，你不需要去做任何的评判，只是去觉知"我"听到了什么，去留意这个声音的生起、变化和消失……也许有时候你听不到任何的声音，那就让自己停留在这种空白里，然后等待下一个声音的出现，持续地去觉知任何一个声音，或者让自己停留在没有声音的空白中……我们的觉知就好像一个巨大的空间，让我们可以清晰地去觉察到每一个声音的生起、变化和消失……

现在我邀请你把注意力放在此时此刻身体里面的感受上，去留意在这一刻你能够觉察到身体里面有哪些感受在生起。你可以从最为粗重的感受开始，也许是腰部的疼痛、腿部的压迫感，或者肩膀上的沉重感，去留意任何出现在你的觉知中的身体感受，只是去观照这个感受的生起及变化。此刻，在我们的觉知这个巨大的舞台上，演员变成了我们身体的感受，有些感受很清晰、很粗重，很容易被我们觉察到。你也可以去试着觉察那些比较细微的感受，比如脸部的跳动、头皮微微发麻、身体上某个位置的皮肤和衣服之间轻微的接触感，或者身体某个位置微微发麻的感觉，你可以去交替地觉察那些清晰粗重的感觉，以及那些细微的感觉……我们身体里面的这些感受一直在不断地生起、变化、消失……清晰地去留意此时此刻出现在你身体里面的任何感受，无论是舒服的还是不舒服的，只是全然地观照它。对于任何的感受，我们都"不拒不迎"，保持一份觉察和观照……

现在我邀请你去觉知自己的想法，留意此时此刻有哪些想法出现在你的脑子里。只是去观照这个想法的出现以及它的变化，然后试着放下这些念头，进入念头消失之后的空白……持续地去观照任何念头的生起、变化、消失，你甚至可以去尝试延长念头之间的空白，持续地停留在那样的空白里，直到下一个新的念头生起……现在，在我们这个巨大的觉知舞台上，只剩下念头的生生灭灭，来来去去……

当我们可以清晰地觉知每一个对象的时候，我们可以有选择地去交替觉知这些不同的对象。就好像在我们觉知这样的舞台上，可以有不同的演员。我们可以觉知我们身体的触觉、我们的呼吸、外界的各种声音、身体里面的各种感受，以及我们不断生灭的念头，我们可以有选择地去觉知这些对象，甚至我们可以同时觉察其中的几个对象。

现在我们也可以尝试不去选择这些对象，只是全然停留在我们的觉知里，静等出现的对象。也许这一刻你觉知到呼吸，那就去清晰地觉知每一次吸气、呼气、吸气、呼气；然后念头开始出现，好，顺其自然，就去觉知念头的生起、变化、消失；也许身体的某一个清晰的感受在此刻出现，好，就把觉知力放在这个感受上，任何的感受也有它生起、变化和消失的过程；然后也许突然有一个清晰的声音传来，好，我们就觉察这个声音，觉察这个声音的变化、消失……也许某个时刻，所有的觉知对象突然都消失了，我们就静静地停留在觉知这个巨大的空间中，停留在这样空空荡荡的状态里，空空荡荡。然后也许又会有觉知对象出现，无论是你的呼吸还是念头，某种感受，某个声音，甚至是某种味道，又或者是身体突然间的某个微小的移动，对所有这一切的发生都保持了了分明的觉知。无论此刻在你觉知的舞台上出现的是哪一个或几个演员，只是不带评判地去观照它们，观照它们的到来、表演、退场，然后舞台空下来……我们就让自己停留在这样空空荡荡的状态里……

下面几分钟的时间里，我将不做任何的带领，让你自己持续地停留在这种觉知里，等待出现的任何对象，你就全然地观照它……

（静默几分钟……）

好，这就是我们的开放觉知练习，我们现在准备结束这个练习，大家可以慢慢地睁开眼睛。

我一直在想

水和浪的区别

浪涌之时，是水

浪退之时，还是水

那能否给我一点儿提示

要如何分开它们？

难道因为

有人创造了"浪"这个词

我就必须

把它从水中区分出来？

在我们之内
有个"隐秘者"
所有星系的星星
都如同念珠
被他拨在手中

那串念珠
该用慧眼去看

——卡比尔

礼物

    切斯拉夫·米沃什

多么快乐的一天

雾早就散了,我在花园里干活
蜂鸟停在忍冬花的上面

尘世中没有什么我想占有
我知道没有人值得我去妒忌

无论我遭受了怎样的不幸
我都已忘记

想到我曾是同样的人
并不使我窘迫
我的身体里没有疼痛

直起腰,我看见蓝色的海和白帆

第9章 正念生活：享受当下

静柔是某著名品牌专卖店的负责人，曾于2021年5月~8月连续两次参加我们为企业举办的正念训练营，她还是第二次训练营的班长。静柔学习非常认真，积极练习，并能够将学习内容很好地应用于工作和生活。学习期间，她做了很多有价值的分享，下面是其中部分内容。

不断地练习正念呼吸，可以让我们能够越来越清晰地观照到自己的情绪，及时地接收身体发出的信号。曾经我也是属于那种对手机重度上瘾，睡前反复刷抖音，很晚入睡的人。有个说法特别恰当到位："也不是不困，就是想再看看，看什么呢，也不知道，就是想再等等，再等等……"。但经过一到两个月的正念练习后，我发现自己很快就能感知到身体发出的信号，我能够合理地安排手机的使用情况，累了困了倒头就睡，感知到身体此时此刻真正放松下来的时候，入睡自然也是很快的！

我特别欣赏冯老师的授课方式，不紧不慢、从容不迫……对时间的规划和把握精准，每个环节都能够让我们聚焦和聚精会神。我尝试学会这种方法，在跟店面小伙伴谈论问题的时候，用心去倾听，在某些环节去思考多种可能的方案，在某些环节及时终止和引导，高效聚焦。正念呼吸练习久了，我对时间的敏感度和把握度大大提高，因为身体会告诉你。当你能够准确地预估自己能在多长时间内完成何种工作的时候，你就能合理地安排一些事情，并且规划得很清晰，排序也很合理到位。

正念会让我处于非常放松的状态，能够最大限度地发挥我的创造力。当我们对某件事保持热爱和探知的心情时，我们的生活和工作就会越来越充实，越来越精彩。在我们的店面中，我发现有两个位置会让人感受到"隐蔽"，甚至是"有阻碍""不通畅"，但正念教会我们的是如何去跟这些"不适"共处，去找到一个平衡点，探索和创造属于它的相反面。经过调整，顾客一进店就会先沿着物件的摆放顺势自然地走到我们这个"角落"。当我发现顾客在这个曾经的"死角"上经过和停留的次数多了之后，我们跟顾客在这个位置的相处就不再有压力，我们可以促膝而谈，这里自然而然就不再是我们的死角！慢慢我发现，店面任何一处角落都有它的意义所在，就等着我们去创造它的价值。

同时我发现，正念让我的注意力越来越集中，能够坚持把服务做到极致，让顾客感受到当下只为其一个人服务，也越来越清晰我跟顾客之间的谈话思路，并清晰地引导顾客，能够感受到顾客从一开始进来的"紧绷"到慢慢"松弛"。每一批顾客来时，我们都专注当下，真诚相待，让他们宾至如归，我相信继续这样坚持下去，成功也会离我越来越近！

课后总结：

第一：通过正念呼吸，从自我觉察开始，包括当下的呼吸如何、精力如何，可以给自己评分，更加清楚自己的内在天气状态。同时也会把这个运用到工作当中，比如说每天来到店面，会观察自己进来后的感受舒不舒服，能否与这个环境共处。

第二：以前当顾客表现出不同意见时，我会急于控制或者反驳顾客，结果是赢了争论，但流失客人。现在会更具有包容心，允许当下顾客任何情绪化或者有疑问的表达，包括犹豫或者疑虑，允许当下事件的发生，你会发现，当顾客倾诉释放出来后，你们的互动会加强，而且只要你想聊，就永远都有聊不完的话题。

第三：把学习的知识分享给家人与朋友。比如引导老公做阴式呼吸，他平时也是一个比较急躁的人，同时压力也很大，那天只是简单引导他做了5分钟，反馈很好。他说："哇，感觉把所有压力都释放出去了。"

总体来说，以前自己是一个想法多但行动少的人。上完正念课程，感觉自己的积极行动变多了，愿意做新的尝试，而且就在勇于迈出第一步的过程中，事情自然而然就完成一半了。

——静柔，女，专卖店负责人，30岁

如同静柔一样，我们学习正念的目的是在生活中去应用，提高生活质量和幸福感，在更多的当下保持觉察、转化和有觉知的选择。本章我们将讨论如何在生活中更好地运用正念。

行动模式与存在模式

我们很多人的日常生活总是在不断的忙碌行动中度过的，我们不断地做、做、做，很难真正停下来放松，于是我们像一根一直紧绷的弹簧一样，直到出现各种身心挑战。而与此对应的正念方式，则是时刻保持当下的觉知，放松而精进地实现自己的目标。我们首先就探讨一下这两种方式：行动模式与存在模式。

行动模式

行动（doing）模式是随时关注目标和结果，自动化地活在过去或未来的一种心理模式。

行动模式主要有以下特点：

1. 外在驱动

我们很多人从小就被赋予了各种各样的目标，如成绩好、考上一个好大学、进入一家好公司、职位和收入越来越高等，这些目标开始是来自外在权威，如父母、老师或社会共同的一些价值观，但后来这些目标会慢慢成为我们自己的目标，这个过程就是"内化"，我们很多人并没有意识到这个内化的过程，以为自己还是在追求所谓自己的目标。当其中的一些目标达成后，马上就会有新的目标出现，我们陷入了不断追求各种外在目标的循环。

2. 我不够好

外在权威之所以不断赋予我们一些目标，其意图往往是让我们更好地成长，很多人不相信我们每个人都有本自具足的成长动力，没有看到我们如同一颗种子，只要有合适的条件就会自然生长。不断追求外在目标一个很重要的内在动力就是"我不够好"，很多人常常认为

"我要是达成一个××的目标就好了",这样我们永远都是不完美的,都是匮乏的,然后我们就陷入了不断的追逐中,不停地行动。

3. 压力焦虑

虽然我们表面上通过不断行动,取得了一个又一个成功,但是"我不够好"的信念逐渐成为我们主要的驱动力,加上这些目标又是被内化的外在目标,不一定是来自我们自己内在的热情,我们在不断追求这些目标的过程中,会长期处于压力、焦虑和紧张等各种负面情绪中。

4. 不可持续

行动模式通常是以成功为目标,因为只有达到成功,才能开始下一个目标和循环,这种追逐的确能够帮助我们达成一些人生目标。但是我们需要看到的是,这是会让我们付出很多身心代价的成功。因为长期处于焦虑和压力等负面情绪中,这些情绪的不断累积,又会制造失眠、劳损、慢性疲劳、各种炎症等健康问题,这些情绪还容易让我们处于应激状态,进而对我们的关系也会产生破坏。行动模式是不可持续的,最好是能够在我们付出太大的身心代价之前意识到这个问题,从而做出必要的调整。而想要调整行动模式,就需要我们意识到另一种与之对应的模式:存在模式。

存在模式

存在（being）模式是有意识地觉察，随时活在当下的一种心理模式。

1. 内在驱动

与行动模式由外在目标驱动不同，存在模式是由自己的内在驱动。发掘自己内在的驱动力往往需要一个过程，少部分幸运的人可以在人生很早期就找到自己真正的热情和目标，而另一部分人可能要到中年才能有意识地探索自己，有些人甚至终其一生也没有意识到这个重要的问题。所以荣格说：你生命的前半辈子或许属于别人，活在别人的期待里；那把后半辈子还给你自己，去追随你内在的声音。

2. 完美精进

存在模式中的我们会去觉察自己的完整，并接纳自己的每个面向，与自己和解，在自己的完整、完美和精进之间找到一个平衡。如同一个种子长成一棵大树的过程中，在每一个当下都是完美的，但它仍然每天都在成长。当我们真正意识到自己的完美与本自具足后，就可以摆脱匮乏感的束缚，而全然放松下来。

3. 放松高效

存在模式中我们逐渐放下那些长期环绕的焦虑与压力，而开始放松地专注于每个当下。我们仍然可以有自己追求的目标,但不是被未来所掌控。有些人认为放松和高效是矛盾的,但我们可以在存在模式中将它们统一起来,所谓"制心一处,无事不办"。这时候我们可以**通过活在当下,减少活在过去或未来所带来的大量情绪内耗,而更加专注于事情本身,当然也就可以更加高效地完成。**

4. 可持续

存在模式以幸福为目标,注重每个当下的品质,让我们身心放松地追求目标,有利于我们的身心健康,这是一种可持续发展的模式。我们应该认识到行动模式下不可持续所带来的危害,通过不断地修习正念,提升我们的可持续性。

行动模式与存在模式的平衡

经过前面的探讨,很多人可能会有一个误解,好像存在模式要比行动模式好。其实行动模式与存在模式之间并没有好坏对错,需要的只是避免走到任何一个极端,这也是正念所强调的平衡、中道的智慧。如同一只鸟要有两只翅膀,才能飞得更高更远,只靠一只翅膀就会付出代价。

我们很多人在前半生通常都是活在行动模式中,追求所谓的外在的成功。而人到中年之后,随着我们开始意识到自己付出的健康、关系或事业等方面的各种代价,我们会开始反思自己，这也是中年危机发生的背景。发生这种转折的年龄通常在35岁左右，但在我的咨询经验中，越来越多的年轻人由于不堪各种身心挑战，开始越来越早地思考这样的转变。行动模式与存在模式之间的平衡需要注意以下几个问题：

1. 放下而非放弃

有些人认为存在模式到最后就是无欲无求了，这是一个误解。正常追求外在目标是没有问题的，即便是我们觉察到有些目标是外部内化给我们的，如果这些目标对我们当下很重要，我们仍然可以身心一致地追求，经过这样的觉察，也可以减少很多的内耗与对抗，这就是带着觉察去行动。同时我们还可以去探索自己的内驱力，就是荣格说的内在的声音，找到我们真正想追求的目标时，也就更容易实现行动模式与存在模式的平衡。

对于外在目标，我们可以试着"放下"而非"放弃"。所谓"放下"，就是放下我们的各种执着，自然轻松地去追求，这种自然轻松反而更容易发挥我们的潜能，避免执着所引发的内耗与紧张，所谓"事来则应，事过则放""应无所住而生其心"。 当然这种放下，其实也就是放下未来，活在当下。

2. 松紧平衡

我们在行动模式中长期处于紧张的状态，在转化的过程中也很难马上做到全然放松，相当一段时间我们都会在松紧之间摇摆平衡。对于这些紧张、压力等情绪，我们需要的是一份觉察与接纳，然后才容易更好地转化与释放。这种紧张也常常出现在我们的正念练习中，这时候不刻意追求放松，全然接纳当下所有的情绪，才是存在模式。所以行动模式与存在模式的平衡也就是松紧平衡，如同松紧适宜的琴弦才能发出美妙的乐音。

3. 成功与幸福的平衡

很多人的观点是没有成功，哪有幸福。我们当然不否认物质基础的重要性，但是在基本的物质条件具备后，我们就不要忽略幸福的重要性了。如果没有觉察，外在成功是一个没有尽头的循环，不断追求成功就是行动模式的动力。但是成功不等于幸福，越来越多人意识到片面追求外在成功甚至会严重影响我们内在的幸福感，尤其是在付出了健康受损、关系破裂等代价后。行动模式与存在模式的平衡也就是成功与幸福的平衡，既要有远方的目标，也不要忽略当下一步步的风景，毕竟幸福不在未来，只可能在当下体验。

转化的难点

行动模式让我们像一列狂奔的火车，想要慢下来并开启存在模式是不容易的，这里面有强大的惯性，除非我们开始面临健康、关系或事业等方面的重大挑战时，这种转化才迫在眉睫，但这时我们往往已经付出了巨大的代价。开启存在模式，会面临重新寻找内驱力的挑战，而寻找内驱力又需要开启个人成长之路。

1. 寻找内驱力

当我们在课堂上讨论寻找自己的内驱力时，很多人都觉得这很重要，但接下来大家都很茫然，觉得不清楚自己的内驱力是什么，什么才是自己真正想要的东西。因为我们很多人长期以来都活在外在目标的驱动里，甚至这些外在目标已经内化成自己的目标，自己内在的热情已经隐藏或被压抑在内心深处，想去唤醒或寻找并不容易。这个过程如同唐僧经过九九八十一难，才能取得真经，或者西方的圆桌骑士历经劫难，寻找圣杯的故事。

寻找内驱力首先需要清楚内驱力给我们带来的感受，这是一种专注、忘我、不畏艰险的全然热情。如果你已经不记得这种感受，你可以尝试回顾一下在我们小的时候，那些让我们真正喜欢的事情，例如画画、某种运动、游戏等。在这些活动中，我们不求名利，不求外在的认同或赞美，只是一种纯粹的热情与冲动，鼓舞着我们忘我地投入其中。回顾我自己小时候，让我印象深刻的一件事就是在田野中自由奔跑，无拘无束，不需要方向，就是为了奔跑而奔跑。

寻找内驱力需要不断地觉察当下自己的核心需求，哪怕你经过深入觉察后，发现当下的核心需求就是追求外在的目标，这也没有问题，至少你可以减少很多由此产生的内在对抗。请注意这是当下的核心需求，不是过去的，也不是未来的。如果是过去的需求，现在可能已经发生变化；如果是未来的需求，未来到来的时候，它可能已经不再是你的需求。

我开启创业历程之前，曾经很是纠结。当时在一家大型通信公司上班，有较高和稳定的收入，未来似乎一片光明。我觉察到自己有一股强烈的创业冲动，不甘心做大公司内部的一颗螺丝钉，要去创造属于自己的发展空间、选择新的行业、实现财务自由等，但未来如何去做实际上一片茫然，我为此纠结了很久。一天早上我起得很早，外出散步，脑子里还是纠结是否辞职创业，这时我看到在清晨的薄雾中，有一个很老很老的老人，白发苍苍，佝偻着腰，缓慢地走着，突然之间我脑子里闪过一个念头，将来有一天我像他这样老的时候，我回顾自己的一生，如何才能让自己不遗憾后悔，我想除非我自己做了所有我想做的事情，无论结果成与败，我都不会再遗憾。于是，我选择了辞职，开始了自己的创业历程。

寻找内驱力需要不断地学习、尝试与冒险，甚至是试错，然后真正的内驱力才可能会逐渐清晰起来。这个过程需要面对和克服我们内在巨大的焦虑与恐惧，因为未来不确定、不可知，需要我们一点点去创造。**焦虑和恐惧一定会存在，关键是我们能否在焦虑与恐惧中去行动。**

我自己在寻找内驱力的过程中，经历过几轮焦虑、学习和尝试冒险的循环。第一次是在自己考上大学后，外在目标的突然消失，让我陷入巨大的焦虑甚至抑郁，然后我开启了寻找自己的过程，通过不断地阅读、参加各种活动，我逐渐找到了我新的内驱力，自助助人的种子在那时就种下了。第二次是辞职创业后，我又陷入了巨大的焦虑甚至恐惧中，因为需要面对更大的不确定性，于是我开始了创业实践，经过三次不同的创业历程，我才逐渐找到我新的定位与目标。第三次是在创业取得成功后，我又一次陷入焦虑和迷茫，需要寻找新的驱动力。于是我又开启新的学习、尝试与冒险，经过中欧和海文的学习，以及由此开始新的咨询、培训实践，我才又一次找到新的落脚点。回顾这几次过程，我的感受就如同站在一张巨大的白纸面前，未来是什么一片茫然，但我唯一能做的就是在当下去画上这一刻我可以去画、想画的东西，然后随着我不断地画画画，突然有一天我发现，一幅越来越完整的画面清晰地呈现在我面前。

2.个人成长

很多人终其一生都在从外在寻找成功、快乐和幸福，这是行动模式的特点，然而外在的一切都在不断变化中，到最后一切都会失去,那我们到何处去寻找呢?我认为自己一生中到目前为止最大的一个转折是从外在回到内在,开启了自己的个人成长之路,最终发现内在决定我们外在,境由心生。

个人成长就是不断去探究"我是谁"的过程。我们可以借助现代各种心理学的理论和工具去了解自己,如弗洛伊德的精神分析技术、荣格的人格结构理论、萨提亚的家庭治疗方法等,来探索自己的原生家庭、心理阴影、内在冰山等,我自己在海文的学习主要就是从心理学的角度不断了解自己。**了解自己是一个过程,如同剥洋葱一样一层一层打开,这是一个充满挑战和困难的过程,需要我们的勇气和冒险才能完成**,因为我们内在充满我们自己不太愿意面对的阴影,需要去整合和接纳。用荣格的话说是:"与其做个完美的人,我更想做个完整的人。"

个人成长就是一个让自己逐渐完整的过程,我自己在海文的学习也经历了这个过程。我最早的学习是探索原生家庭对自己的影响,我找到了自己焦虑、恐惧以及讨好模式的一些根源,对自己这些情绪和行为模式有了更多的了解和接纳;我还探索了自己的自卑感、阴性能量等多个重要议题,面对这些议题充满了很多的挑战,如同面对赤裸裸和血淋淋的自己。但当我穿越这些议题后,我感受到了自己更完整、更自由的生命,减少了很多的内耗与对抗。当我内在完成这些觉察与整合后,我的外在相应也发生了一些深层的变化，如我对我的情绪、行为和关系更能够自我负责，不再一味地去归咎于外界和他人。甚至经过这样的成长和探索后，我逐渐发现我内在更深层的需要和内驱力，外在的事业也发生了巨变，我逐渐放弃我原来的创业项目，开始走上了一条自助助人的道路。

美国知名正念导师杰克·康菲尔德的《狂喜之后》中有一个西方的民间故事，可以让我们更加了解这条找到自己的内在之路所充满的艰辛和挑战。

有个名叫艾丽斯的年轻公主，因为父母命运多舛，不幸嫁给一条可怕的恶龙。当国王和王后告诉她这个消息时，她非常为自己的性命担心。但她克服恐惧，恢复机智，到村子外去寻访某位有智慧的妇人，她一共养育了12个孩子和29个孙子，而且对应付男人极有办法。

这位有智慧的妇人告诉艾丽斯她的确得嫁给这条龙，但是教她了一个特别的应变方法。她特别吩咐公主在结婚那天晚上要穿上十件美丽的长袍。

盛大的婚宴之后，那条龙就把公主带入卧房。当龙走向新娘时，公主叫他先停步，要等她仔细地脱去她身上的礼服后，才能献上这颗心给爱人。她还附加说（这是那位有智慧的妇人教她的），新郎也必须脱去身上的衣服。他同意了这项要求。

"我每脱一件袍子，你就得跟着也脱掉一件。"在脱掉第一件袍子后，公主看着那条龙脱去他那披满鳞的外壳。公主又接二连三脱下外袍。龙也必须剥除愈来愈深层的壳。等剥到第五件袍子时，龙已经疼痛得开始流泪了。但公主还是继续脱个不停。那条龙每脱去一层外壳，他的皮肤就变得更加柔软，外形也更显柔和。他的身形变得愈来愈轻。等公主脱掉第十件袍子时，龙也脱掉最后一层龙形的外皮，显现出一个男人的外貌，他是个双眼清澄如孩童的英俊王子，终于摆脱古老的诅咒从龙形身躯中解放出来。于是艾丽斯公主就跟她的新婚夫婿携手入洞房，实现那个有12个孩子和29个孙子的有智慧的妇人的最后预言。

书中这样评价这个故事，它告诉我们的是，这趟旅程绝不轻松。人类历史及其纠葛在它背后的力量既顽强又巨大，而通往内在自性光明的道路必须穿越这些羁绊。这一过程被描述为艰巨的净化：涤清、放下以及剥除习气。禅学大师铃木大拙称之为"心灵的大扫除"。剥除我们自己各种习气的外壳是很痛苦的，因为捍卫旧习气的龙会顽强抵抗，而这一切需要众天使的鼓舞，需要我们尝尽苦楚，潜泳于泪之海，才能够做得到。

个人成长是不断发现和接纳自己的过程，在经历心理学层面的探索之后，我们对自己内在的思维、情绪及行为模式有了更多的觉察及转化，逐步触及更深层的一些信念、价值观、需求，乃至心理阴影、原型等，而正念智慧可以在此基础上，帮助我们看到我们更深层的本质。如果说心理学层面的自我探索是一个不断发现的过程，那么正念智慧则是一个不断放下的过程，放下我们对各种信念、情绪及模式的执着，最终达成心无所住、从心所欲的自由自在。

下面再分享一个有关觉察、接纳、放下、存在的美丽故事。

琳达是我非常尊敬的加拿大海文学院的老师。在她近70岁的时候，罹患了癌症，这是一个巨大的挑战，不仅是身体和心理上的，也包括财务上的。她的很多中国学员知道这个消息后，主动发起了募捐行动，大家都希望能够帮到敬爱的老师。然而即便作为资深的心灵导师，在面对接受帮助这件事上仍陷入了一些挑战。琳达在其博客上写道："癌症之旅带我直面巨大的困境，我敞开自己，接纳来自他人的帮助。在帮助面前，一方面我感受到快乐、温暖和深深的感激，而另一方面，我的内在批判用高音喇叭警示我。我对此尽量予以犹豫推脱，最终我才意识到，对于同意接受帮助这件事，我的抵抗那么深，我是真的心怀恐惧。""我留意到我有这样一些僵化的信念——首先是在接受帮助的位置上是耻辱的，是我作为一个人的无能和在生活中的失败；其次是接纳帮助意味着一个无法承担的责任包袱，因为我将无法偿还这个债务；还有一个信念让人脸红，即我的给予是自发的，所以我有更多的控制权，而接纳帮助则是不同的方式，要脆弱得多。""尽管我也许尚未抵达核心，但我已经开始对我之所以如此难以接纳帮助的源头有所理解。"

韦恩是另一位我很敬重的海文学院的老师。他针对琳达提出"尽管我也许尚未抵达核心……"，给琳达回信称："假如压根就没有核心所在，那又怎么样？对我来讲，更深层的接纳通常就在那里。"

韦恩老师的回应给了琳达老师很深的启发与感动。琳达继续写道:"我的思维和心灵即刻消融于这认可之中。不必受限于核心之说,感受更深的接纳更像全然放空自己。谢谢韦恩!我目前的行程中某些神秘的面向被这些话击中要害。如此之多的特殊时刻从不同的方向如洪水般涌向了我,我要用令人满意的言语思想来表达它仿佛做不到。我感受到,也听见,我的灵魂渴望表达,我也确信,以与他人联结的方式来确切表达是我的一个重要学习点。"

在觉察、承认与接纳中,琳达老师在自我疼惜的道路上继续前行。她继续写道:"我的挑战是全然敞开去开心地接纳大家给予我的帮助。重复地呼吸、觉察、承认、接纳、行动和欣赏。我认为,如果我不愿意放下执着,倾听他人和尝试新的观点,我将不会像如今一样离接纳和自我疼惜这么近。现在我拥抱这个善意的观点——不愿意接纳别人的帮助时,实际上,在自由欢畅地流向我的关切与爱的能量之流里,我竖起了路障。这并不全关乎于我!拒绝意味着关上了彼此滋养这一关系的门。拒绝意味着否定他人,无视他人从心而发的帮助。我们全部的存在是动态互惠中的一员,忘掉这一点非常危险,尊重这一点是对生命的确认。""因此,癌症降临到我的门前,让我在自我疼惜之路上继续学习。学习敞开心扉去接纳帮助,带着欢喜、放松与爱接纳这流向我的关切与爱之能量。这流动之中,没有设置限制和警告。臣服接纳正流向我的一切,即'存在'于这个流动之中。"在某些时刻,比如当我此刻正写下这些时,我意识到与此有关的学习和能量是如此巨大,我感受到纯粹的敬畏和惊叹——存在于如此美丽宽广以至于令人目瞪口呆的土地上,我们都紧紧相连在一起,没有任何人是孤单的。

琳达老师就这样穿越了癌症的挑战,在她痊愈后不久,就为我们开设了"超越局限,开拓新视野"的新课程,在其中分享了这些生命体验,给了我深深的震撼与启发。在这个课程后不久,我就启动了自己的正念创业项目——当下健康平台,这绝非巧合,因为我也超越了自己的局限,打开了更多的可能性。

生活中的正念

过好真实的这一刻,这一刻,就是生活本身。

——一行禅师

很多人的日常生活是匆忙、急躁的,被各种目标驱使着,像一个高速旋转的车轮,自动化地运行着。我们来看看一个职场白领在这种行动模式下典型的一天:

从早上被闹钟唤醒开始,拖着疲倦的身体快速起床,急匆匆地洗脸、刷牙,然后冲出家门。快速地吃完早餐,快步走向地铁或公交,一路上要么昏昏沉沉,要么不断地刷手机,或者开始计划今天的工作。到了公司,除了完成既定的工作外,还有一些临时交代的任务,驱使着我们像个陀螺一样停不下来。一天忙忙碌碌下来,拖着疲倦的身体回到家中,好不容易躺倒在床上,还是不断地刷手机,不知不觉中已经很晚,强迫自己放下手机后,在床上辗转反侧，想着今天工作中的不顺心，想着未来的种种挑战，迷迷糊糊地好不容易才睡过去。

一行禅师在《正念的奇迹》中建议我们可以尝试"正念日"，选择某一天放慢下来体验正念生活，把正念融入每个行为中。我们修习正念最终是为了可以在生活和工作中运用正念，从而改变生活和工作的品质。

早晨，当我们从睡梦中醒来时，先不要忙着起来，可以感受一下此刻的呼吸和身体，也许身体里还残留着睡眠中的情绪和感受，可以温和地扫描一下，让这些感受慢慢消散。如果时间允许，可以坐起来开始正念练习，这样更容易帮助我们充电，精力充沛地开始新的一天。起来后，可以尝试正念地洗漱，感受水流打在手上、脸上的感觉；缓慢地刷牙，感受牙膏泡泡在口腔中清新的味道、牙刷与牙齿的摩擦……带着觉知，专注当下的每一件事，这就是正念。

预留出充足的时间，可以让我们更从容地尝试正念行走，无论是走向车库、车站还是办公室。我们可以专注、缓慢地跨出每一步，在这个过程中，既可以专注于呼吸，也可以去留意眼睛看到的、耳朵听到的，或者专注在脚底与地面的接触上。这样的专注可以减少我们由于过度思虑所产生的焦虑和紧张，所以有位禅师说过："当我正念行走的时候，我就停了下来。"当我们正念行走的时候,我们可以更加真实地看到周围的行人、一草一木、一缕阳光,更加清晰地聆听鸟鸣、风声、笑声,闻到花香、咖啡的味道、街边面包店飘出的香味……世界就这样真实美好地存在着,我们却很少留意到。静柔分享了自己在生活中运用正念的心得:

正念的力量在生活中无处不在,早上出门挤地铁的过程也是一个正念练习的机会。当我们挤进地铁的那一刻,每个人之间差不多已经是背靠背、肩挤肩,此时此刻试着放下我们急躁的情绪,首先把我们最宝贵的手机收好,双腿展开与肩同宽,在保证自己站稳的情况下,闭眼养神,此刻只观照自己的呼吸——就可以开始这一趟地铁上的正念之旅!感受双腿稳稳地站在地面上,感受列车稳稳前行和前进速度的慢与快,感受此站人数的多和少,耳听地铁上的报站提示,我们在保持警觉又放松的状态下享受这一出行旅途中的点点滴滴!在你下站到达目的地的那一刻,就开启你元气满满的一天!生活中我们很忙碌,我们很多时间被工作或手机所"链接",无法抽身去做自己想做的事,坚持正念的练习,你会发现生活中有很多让自己放松的时刻,某些碎片时间(比如挤地铁)我们可以合理利用起来,让自己得到闭目养神休息的空间。

——静柔,女,专卖店负责人,30岁

用餐时,我们可以尝试正念慢餐。留意一下现代人的用餐方式,很多都是边刷手机边用餐。**正念饮食的基本原则是止语、慢餐、不看手机,用餐的速度可以放慢**

到正常速度的三分之一到一半左右。这样我们可以首先专注留意食物的颜色、食材和香味，然后缓慢地进食、咀嚼、下咽，充分感受食物在唇齿之间丰富的味道。很多人吃东西是因为贪恋食物的味道，以满足大脑的需求，而忽略肠胃发出的重要信息，这样容易导致肥胖、肠胃问题等。正念慢餐不仅可以让我们更享受当下的每一口食物，还有助于保持对自己食量的觉知，不至于过度饮食，有利于身心健康。

将正念带入工作中，会改变我们工作的状态，实现轻松而高效的工作方式。现代职场中最重要的挑战就是越来越大的职场压力，职场压力的来源除了长时间的工作外，还有过度思虑所引发的内耗，以及职场关系中的沟通不畅。长时间工作本身所带来的是我们前面所描述的"身苦"，由内耗而引发的压力则是"心苦"，而很多情况下，"心苦"常常远大于"身苦"。而将正念带入工作后，通过专注当下，减少过度思虑，可以很大程度地减少"心苦"，进而减轻职场压力。同时，在正念的状态下工作，还能激发我们的创造力，因为当我们的头脑真正安静下来时，新的创造性思维更容易出现。

国际内观课程的推广者葛印卡老师以他的老师乌巴庆为例，分享正念练习可以提升工作效率的故事。以下是根据葛印卡老师的录音整理出来的内容：

每天的练习会使你的工作能力提高很多。你会发现，现在比在修习前能做更多的事情，你以往要八小时来完成的工作，现在你发觉只要六小时或七小时就能完成相同分量的工作了，而且你还非常有精神。以前你工作完八个小时后觉得很累，筋疲力尽的，现在你还是精神饱满。你会很快地体认到，你的工作能力提高了。

我的老师乌巴庆长者是个很醒目的例子：他生长在贫穷的家里，最初他在缅甸的主计部当一个低阶的职员。缅甸独立后，他被任命为第一任的缅甸主计部长，那时这个部门里充斥贪污、受贿，这些歪风后来都被消除了，部分是因为他采取的行动。他指示负责办理民众申请案件的人，必须在四十八个小时内批复；如果案情复杂，可以将案子呈上给他，他会裁决；如果有人不将案子呈上，又不批复的话，内中必定有蹊跷，这个人就会被革职。但光这样是无济于事的，他在他的办公室开始教授内观课程，每个月他办一期的十日课程，政府部门的公务员，从主计部副部长到办公室的临时雇员，都开始浸润到正念工作中。几年内，情况就大大地改变了。总理非常高兴，他是一位非常正直的总理，他要这个国家的行政体系都免于贪污，所以他要乌巴庆继续留任主计部，并且监管一些其他的部门。有一段时间，他同时负责四个部门，而且成果卓著。人的工作能力能增加这么多？据说，他到了哪一个办公室，不管有多少的卷宗在他的办公桌上，他离开时都会处理得不留一个。就薪水而言，政府的规定是，任何受雇于一个固定部门的人，如果在其他部门兼职的话，可以在原单位领全额的薪水，并从其他的部门领取三分之一的薪水。乌巴庆是这样的，有几年他是四个部门的主管，所以一个部门领全额，其他的三个部门领三分之一，他就有两份薪水了。但他说："这规定不适用于我，我只要一份薪水，我的工作时间一样，如果我的工作能力增加，为什么要求多领取薪水呢？"

这种情况不仅发生在乌巴庆身上，有很多的学生写信给我说："自从我开始每天练习内观以来，我的工作能力增加了好几倍。"生活中总是有起有落，我记得我以前经常是阴晴不定。练习协助我保持平衡的心，非常清明，任何的问题和困难，你都能微笑以对，你会做出对的决定，你会做出快速的决定，这就是提高工作能力的方法。

正念吃橘子练习

请把一个新鲜的橘子放在我们面前。

首先我们可以仔细地观察一下这个橘子，留意它的形状、颜色，然后可以拿起来闻一闻它的味道，感受一下它的温度、光滑程度。我们可以想象一下，这个简单的橘子里所蕴含的丰富信息，以及它来到我们手上所经历的复杂过程：一颗橘子的种子在合适的土壤、水分、温度等条件下，开始破土而出，长出一棵橘树的幼苗，在阳光、雨水、肥料的滋养下茁壮成长，幼苗逐渐长成一棵橘树，橘树进而开花结果，青涩的小果子挂满枝头，小橘子不断长大、成熟，又经历采摘、包装、运输、售卖等环节，最后才来到我们手上。我们有足够的理由，珍惜这个包含这么多的因缘条件才来到我们手上的橘子，这个橘子里有阳光、雨水、精心的照顾、辛勤的汗水……

我们可以开始缓慢地剥开这个橘子，充分留意剥开橘子的过程。感受剥开过程中手的触感，仔细听听果皮被剥开时发出的声音，留意果皮散发的味道，最后细细观察停在我们的手掌上的去掉果皮后的橘子。

继续剥开橘子的果肉，取下一瓣橘子缓慢地放入口中，慢慢地咀嚼，感受汁水充满齿间，留意汁水新鲜、丰富的味道，一点点地咽下这些汁水，留意汁水通过喉咙，进入身体。继续咀嚼、吞咽余下的果肉，留意不同的味道，直至这瓣橘子完全消失在口中。然后继续缓慢地吃下余下的橘子，也可以闭上眼睛更加专注地体验。

这是我们在正念课堂上经常进行的一个练习，之后的分享中很多人称这是自己吃过的最好吃的一个橘子，通过这个练习他们更加感受到了当下的丰富与美好。之所以选择这个练习，而非很多人常用的葡萄干练习，是因为在一行禅师的《佛陀传》中，刚刚开悟的佛陀就是通过这种方式，给一群小孩子们开示活在当下的哲理。书中佛陀说："我吃着橘子的每一片时，都觉察到它是如何地难得和美好。我吃橘子时，一直都没有忘记它。所以对我来说，橘子是真实的。如果橘子是真实的，吃它的人便也是真实的了。孩子们，留心吃橘子的意思，就是在吃它时，真正地与橘子接触和沟通，你的心没有思念昨天和明天，只是全神贯注地投入这一刻。这时，橘子才真正存在。生活得念念留心专注，就是要活在当下，身心都投进此时此处。"

尽日寻春不见春

芒鞋踏遍陇头云

归来笑拈梅花嗅

春在枝头已十分

————无尽藏

第10章 正念：由定生慧

现代正念涵盖了一个由定生慧的过程,通过正念培育的专注与定力,只能让我们暂时性地摆脱痛苦,而由此培育的智慧才能帮我们彻底消除痛苦的根源。最后一章,我们就总结一下通过正念所要达成的智慧。

1. 活在当下

每时每刻都在变化中,过去的已经过去,未来还没有到来,唯有当下才是我们可以真实体验的。正念练习就是聚焦在当下这一刻,无论是呼吸、看到或听到的、身体感受或情绪,乃至每一个动作等等,我们都聚焦在每一刻的体验上。**正念应用在生活中,就是专注在当下的每一件事情上,吃饭的时候吃饭,睡觉的时候睡觉,工作的时候一件一件完成。**

活在当下最大的困难是要面对当下的无常变化,这里面有巨大的不确定性,而生活真实的本质就是如此,但很多人并不太愿意去面对这种真实,因为容易引发很深的焦虑与恐惧,于是我们就会习惯性地通过活在过去或未来获取一些确定性,哪怕是活在过去的痛苦或未来所引发的内耗中。除非我们逐步建立起无常的智慧,才能够真正接纳并活在当下。

我们在过去形成了很多固有的负面思维、情绪和行为模式,这些模式有强大的惯性,如果没有正念觉察,我们只能活在过去的"舒适区",其实并非"舒适区",

应该是"熟悉区"。而当下就是转化和疗愈这些模式的最佳时机，通过在当下释放过去的情绪，对思维和行为重新做出选择，我们才能够走出过去的束缚。同样活在未来也是我们的一个惯性，其动力是我们对当下的不接纳，希望通过未来逃避当下，于是我们陷入过度计划与期待中，因为我们当下永远不够好，而未来是通过一个个的当下到达的，我们在每个当下去做合适的计划与行动，未来自然而至。当下应有尽有，当下繁花盛开。

2. 非评判

思维与评判是人类特有的功能，为我们解决了诸多问题，但同时过度思虑也创造了很多问题，即便是我们空闲下来时，我们过度思虑的大脑仍然在制造大量的"背景噪声"，我们跟随这些念头会创造大量的情绪问题，诸如压力、焦虑、紧张等。非评判并非不去思维，而是改变我们和念头的关系，不是被念头控制，而是和念头保持一定的距离，能够觉知念头生起、变化和消失的过程。具体练习中，如果我们的关注对象不是念头，那么无论何时留意到自己被念头带走，只需平静地再次回到关注对象即可。

如果说我们的念头如同一条激流，以往我们都是在这条激流中被冲得七零八落，难以立足，而非评判让我们跳出这条激流，成为河岸上的一个观察者。当然我们和自己评判的黏着是很强的，常常把这些评判执取为事实，由此制造了很多的痛苦，要做到将两者分离需要持续的正念练习。

非评判并非去消灭所有念头，这样会陷入极端，是正念练习中需要避免的误区。《六祖坛经》中有个类似的典故，说有个卧轮禅师自觉修为很高，写诗云："卧轮有伎俩，能断百思想；对境心不起，菩提日日长"。六祖为破其执念，回诗云："惠能没伎俩，不断百思想；对境心数起，菩提作么长"。表面上看似乎卧轮禅师的境界更高，实际上偏执一边，而六祖慧能的智慧才是中道的。

3. 觉知力

觉知力简单地说就是我知道我在做什么的能力。**觉知并非思维，而是对我们思维、情绪、行为等内在和外在的发生了了分明的观照，这是我们做正念练习时需要训练的核心能力。**我们很多人都处于从思维到情绪，再到行为的习性反应中，觉知可以让我们意识到这一点，并跳出这种习性反应，最后做出最佳选择。正念练习中，当我们选定觉知对象（呼吸、念头、感受等）后，就专注于对象上，无论何时，只要我们意识到从专注对象上跑开了，就再次回到专注对象上，如此周而复始，觉知力就会一点点提升。

觉知力让我们从念头、情绪和行为的激流中跳出来，乃至摆脱我们就是自己的感知和对身体的认知的想法，这个过程就是我们的"五蕴"——色、受、想、行、识,这就是《心经》里所谓的"照见五蕴皆空"的智慧。觉知力让我们看清真相,放下对身心的执着,时刻清醒地活着。

4. 自我负责

很多人认为关系中的痛苦都是对方造成的,是因为对方对我们做了什么或说了什么,才引发我们的评判、情绪乃至反击,于是我们的很多精力都用在试图控制和改变对方上,但最后往往筋疲力尽,无奈放手,进入冷漠或分离状态。即便是进入另一段新的关系,仍然只是开启另一个循环而已。

当我们通过正念练习,不断培育出清晰的觉知力后,我们能够看清发生在自己内在的感官知觉、想法、情绪和行为时时刻刻在不断快速变化,虽然这些过程大多都是过往习性的延续,但每个当下我们都是有选择的。对外界所有的人事物的认识和反应,都是通过内在的心理过程来进行的,这是我们自编、自导、自演、自动化反应的一幕大戏。感官知觉是我们的大脑神经回路对外界信息"自编"生成的图像,想法是我们依据自己的背景"自导"出来的,情绪是我们根据自己的想法及身体记忆"自演"出来的,而行为常常是我们依据习性的自动化反应。当我们通过正念看清这个真相时,自我负责的意识就能够逐步建立起来。**我们发现在每一个感官知觉、想**

法、情绪和行为上,我们都是有选择的,这样我们才能把指向别人的手指收回来,真正承担起自己生命的责任。

在我自己多年来的成长经历中,我觉得从外在回到内在,从别人回到自身,是我一个最重要的转化。当然自我负责不仅仅是一个意识上的转化,还需要不断培育自我负责的力量,这份力量是在不断的正念练习中逐步提升的。

5. 如实观

我们练习正念静坐通常都有一些目标,如希望减轻压力、缓解焦虑或抑郁、改善健康状况等,这些都没有什么问题。但是需要注意的是,在每一次练习中,我们都要放下这些目标,全然处于当下,如实接纳静坐过程中出现的所有感受、情绪、念头等。我们通常习惯于评判自己所做的一切,例如静坐时出现很多念头,或者练习后仍然全身不舒服,我们会习惯于认为这是糟糕的练习。其实不需要这样,正念不是要去到哪里,而是一刻接着一刻如实地觉知所有的内在体验,这是一种存在(being)的状态,而非一种带着目标的行动(doing),这和我们日常很多有目的性的行为是不同的。当然,随着我们不断练习让自己处在这样的存在(being)状态中,一些目标,如减压、健康、放松、快乐等,自然就会出现。

如实观就是去接纳并专注于对象本来的样子,不增不减。例如观呼吸时,我们就保持自然放松的呼吸,专注观察呼吸的进出、长短，不需要刻意加快或放慢呼吸；身体扫描时，身体会有各种舒服或不舒服的感受生起，需要做的只是如实观照。如实观也是我们不断放下各种执着的过程，我们很多人习惯性地执着于我们的某些观念、某些情绪、某些行为，执着愈深，痛苦愈大，正念练习协助我们看到这些执着，并逐步放下与解脱出来。正如《自我的重建》里所说："你抗拒的东西会一直存在，你接受的东西才会发生改变。"

6. 平等心

通常我们认为趋利避害、趋乐避苦是人的自然本性，然而我们没有意识到的是这种本性恰恰在制造更大的痛苦。趋利避害是在意识层面将一些所谓的负面思维压抑到更深的潜意识层面，这时负面思维将会有更大的破坏力，这就是我们前面讲到的潜意识常常操控我们的命运；趋乐避苦会让我们将一些负面情绪压抑下来，形成更大的火山，这些负面情绪爆发时将会更加破坏我们的健康或关系。本性里隐藏着贪和嗔，而平等心则是根除这些习性的重要力量。

平等心是对好的想法或感受不贪着，对坏的想法或感受不抗拒。当我们正念观察念头的时候，既不是要消灭念头，也不是要陷入念头，只是如实地观察各种好坏念头的生灭，是一种"念而无念"的状态；当我们通过正念观察各种身体感受的时候,既不追逐好的感受,也不排斥坏的感受,只是平等地观察各种感受的生灭,就像观察天气的变化一样;当我们看到、听到、闻到、尝到、触到任何感官对象的时候,我们可以尝试不加评判地去看、去听、去闻、去尝、去触,让事物回到它自身,当我们这样如实地去观察感官对象的时候,我们就会放下执着。当我们在内在与自己的想法、情绪和感知等和解时,就能真正如其所是地接纳外在的各种人事物,因为所有外在都最终反映到我们内在的心理过程中,这就是平等心的力量。

很多人担心平等心会让我们放弃许多目标,变得消极、悲观,这是很大的误解。平等心是在改变我们和外在黏着的关系,逐步地出离和放下,但放下不是放弃,我们可以更加身心一致地追求自己真正需要的东西,减少各种内耗,更加放松、专注而高效。

7. 中道

佛陀曾经用琴弦做比喻来说明正念练习中的身心松紧程度,琴弦太松就无法发出声音,太紧则容易崩断。正念呼吸练习中,如果我们过于放松,就容易懈怠和昏沉,也容易从专注对象上跑开,需要保持警觉;但是如果过于警觉,会导致过度紧张,也不利于我们的练习。所以,保持一种既警觉又放松的状态,是我们需要自己体会和持续练习的。

中道的智慧超越了好坏、对错、有无、动静等各种概念，可以直达实相。正念练习中的念头观照和身体扫描，通过建立平等心来达到中道的智慧；正念课程中一些重要的知识点，如行动模式与存在模式、界限与界线（墙）理论等，都是在讲中道的智慧。中道的智慧，是一种风暴中心的宁静，当我们被妄想之流、情绪之流、习性之流裹挟和控制的时候，我们就如同处于一场风暴中，而**正念可以让我们拥有风暴中心——风眼位置上的宁静与稳定感，静观这场风暴的生起和消退**。泰国著名禅师阿姜查这样描述：

你的心会如流水，但它是宁静的，宁静而流动，因此我称它为"宁静的流水"，智慧会在这里生起——就在思想无法带你到达的地方。

中道的目标在于让我们放下对任何一边的执着，正念乃至整个佛法的精髓就是不断放下任何执着，这样我们才能逐步达到"应无所住而生其心"的自由自在。甚至，中道本身最后也是要逐渐放下的，所谓"两边不立，中道不存"。

8. 慈悲

慈是希望他人安乐，悲为希望他人离苦，内心充满慈悲是正念修行的自然结果。当我们内心充满焦虑、恐惧、愤怒等负面情绪时，爱与慈悲是无法真正生起的，因为这些负面情绪所引发的应激反应力量更为强大。但是当我们通过正念修习，逐步清理内在的各种负面情绪后，内心本自具足的爱与慈悲就会自然呈现，而且是无分别、无条件的，达到所谓的"止于至善"。

慈悲是对抗嗔恨最有力的武器，这是两股此消彼长的力量，如同黑狼和白狼的斗争。正念练习中的慈悲观想首先是从对自己慈悲开始，观想自己没有危险和敌意，没有身心的痛苦，充满和谐与快乐，然后这种慈悲的力量可以渐渐扩展至自己的家人、朋友等，直至所有人和生命。慈悲观想好像只是单纯的想象，但是持续地做下去，其力量会越来越强大，这种观想会让我们的心越来越纯净美好，真正"在爱中"。我们逐渐会发现，割裂、孤独只不过是我们自己制造的幻象，我们和其他人或万物有着深深的联系。

> 晨醒即微笑
> 良辰在眼前
> 过好每一刻
> 慈眼视众生
> ——一行禅师

附录A

深圳职业技术大学正念训练营效果评测

深圳职业技术大学心理健康教育与咨询中心于2021年9月22日至2023年5月31日共举办四期正念训练营，由冯晓东和蒋立两位老师带领，每期八次课程，每周一次。我们选择第四期来评价转化效果。

时间：2023年3月30日至2023年5月31日；参与测量人数：14人。

本次前后测的量表采用抑郁筛查量表（PHQ-9）、焦虑障碍量表（GAD-7）和失眠严重指数（ISI），同时增加了两个正向评价量表：生活满意度量表和感恩量表。前后测的反馈数据表明：抑郁指数平均下降38%，焦虑指数平均下降30%，失眠指数平均下降38%，生活满意度指数平均提升24%，感恩指数平均提升16%（如图A-1~图A-5所示）。

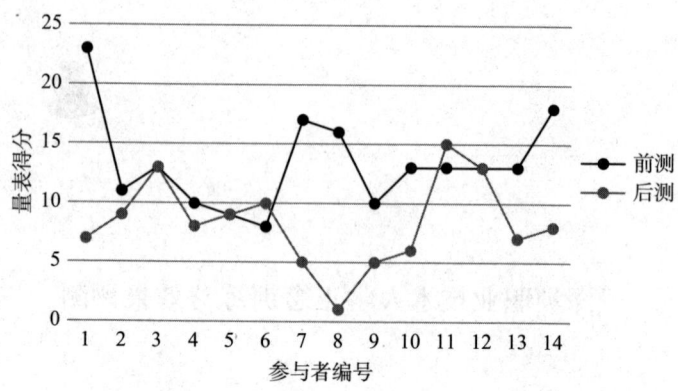

图 A-1　抑郁指数平均下降 38%

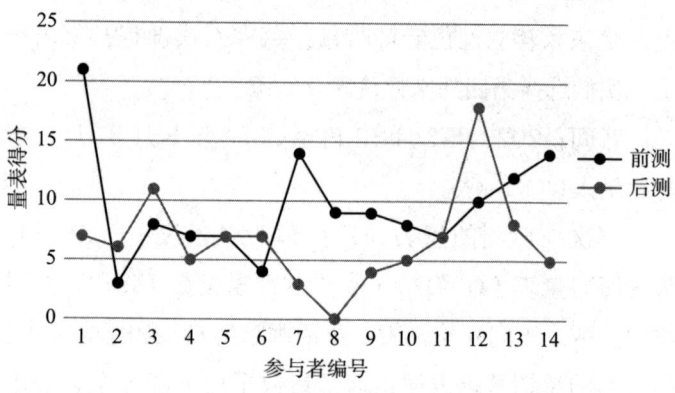

图 A-2　焦虑指数平均下降 30%

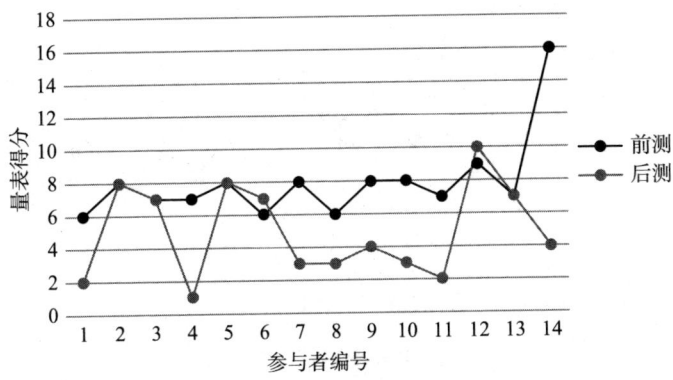

图 A-3 失眠指数平均下降 38%

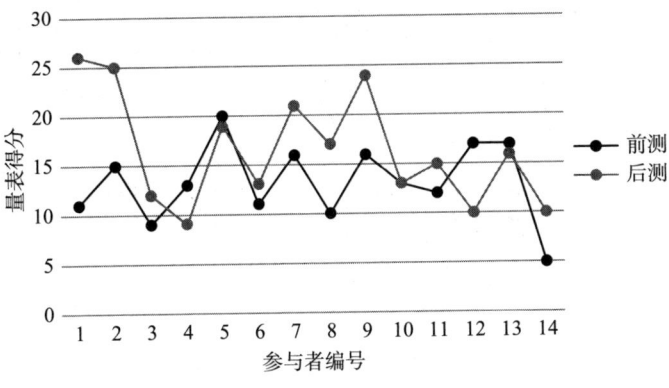

图 A-4 生活满意度指数平均提升 24%

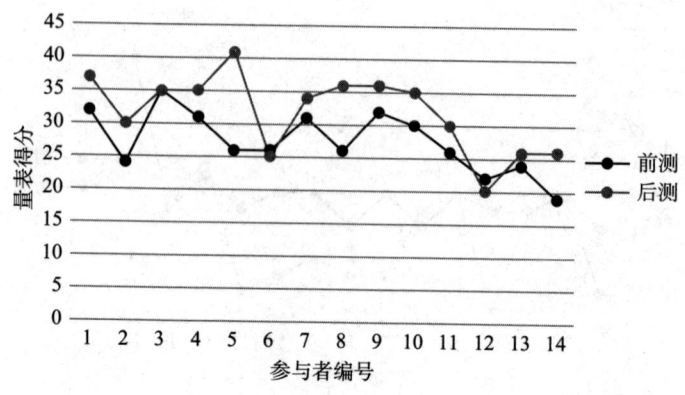

图 A-5　感恩指数平均提升 16%

附录B

深圳慕思正念训练营效果评测

深圳慕思于2021年5月13日至8月30日前后举办了两期正念训练营，第一期共8次课程，第二期4次课程，前后共计50人参加了课程。

课程结束后的反馈表明，学员的整体满意度超过90%。学员们的失眠症状和上瘾行为有明显改善，负面情绪和强迫思维有减少，专注力、创造力、积极情绪、觉察能力等都有明显提升，如图B-1~图B-7所示。在学员能够自主调节情绪之后，他们可以有效地改善日常工作及生活中的关系，与客户、同事、家庭成员相处更加和谐，如图B-8所示。

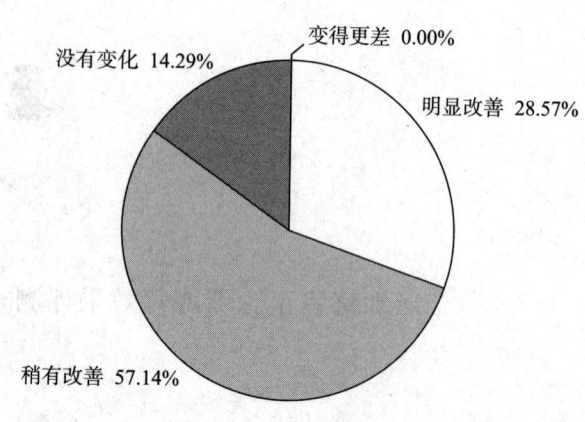

图 B-1 失眠状况变化

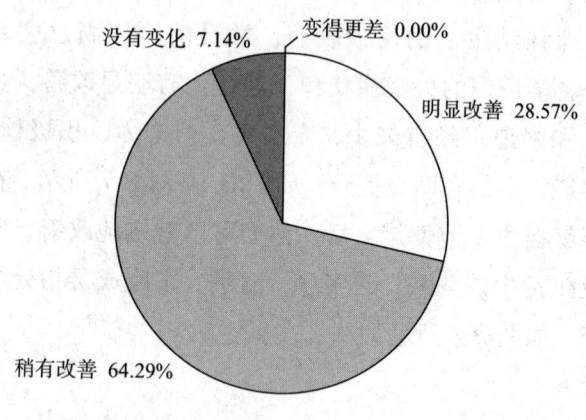

图 B-2 上瘾行为变化

附录B 深圳慕思正念训练营效果评测 327

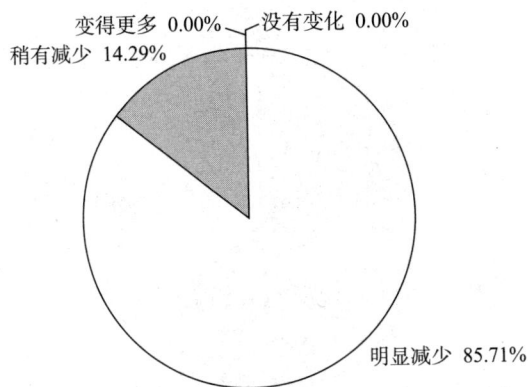

图 B-3 负面情绪变化

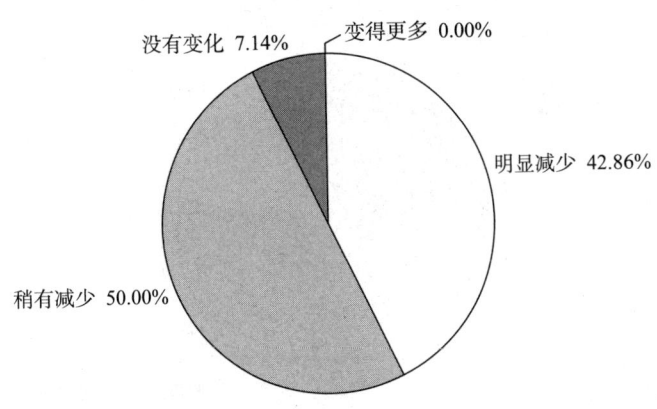

图 B-4 强迫思维变化

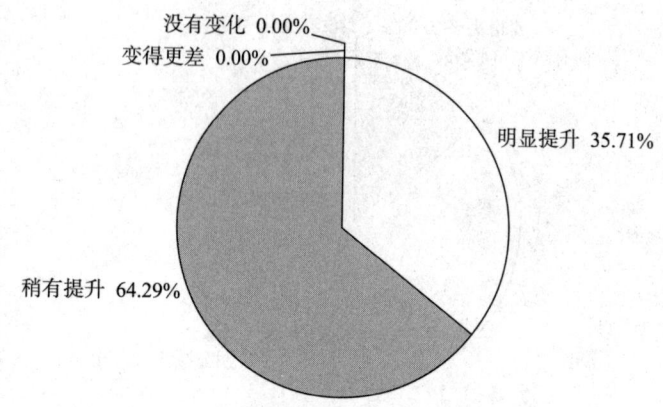

图 B-5 专注力变化

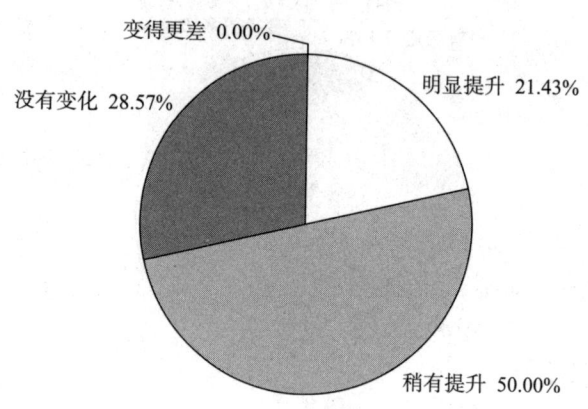

图 B-6 创造力变化

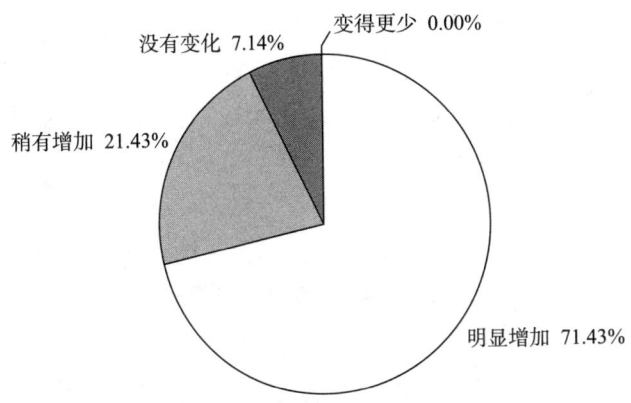

图 B-7 积极情绪变化

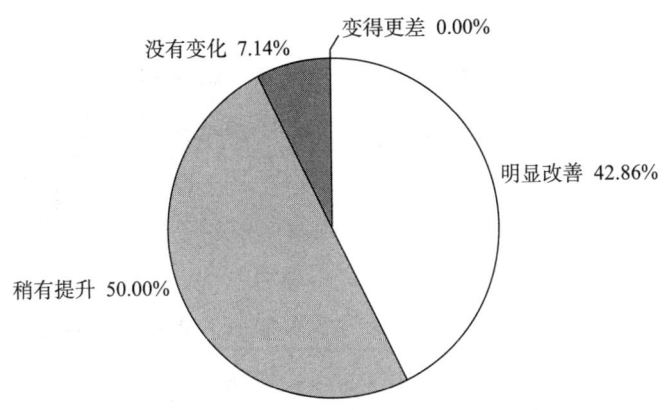

图 B-8 觉察能力变化

附录 C

广州三星正念训练营效果评测

广州三星于 2023 年 6 月 21 日至 7 月 12 日举行了四次课程的正念训练营,主题分别为"正念基础""正念转化思维模式""正念情绪管理""正念转化行为模式",共计 32 名学员参加了课程,22 名学员参与了测评。

课程前后分别对学员做了焦虑、抑郁及失眠的改善情况评测。对比数据表明,参与学员的抑郁、焦虑及失眠症状大都有了明显的改善,如图 C-1~ 图 C-3 所示。

课后收集的课程效果反馈表明,其中 96% 的人对课程效果满意,92% 的人负面情绪有减少,88% 的人专注力有改善,84% 的人积极情绪有增加,80% 的人睡眠有改善。在自我觉察能力的变化、强迫性思维的变化、上瘾行为的变化、创造力的变化、人际关系的变化等其他方面,大部分人都有积极转变。

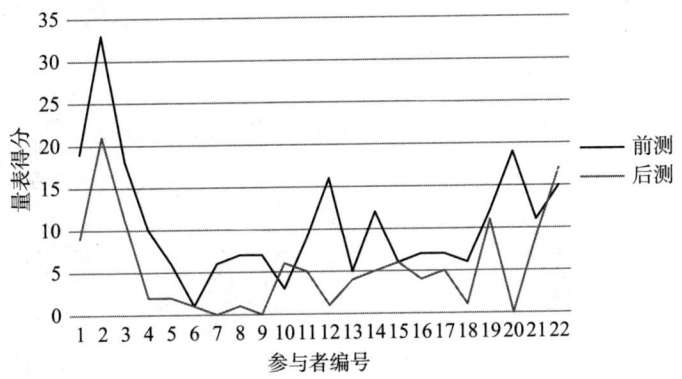

图 C-1　抑郁指数平均下降 49%

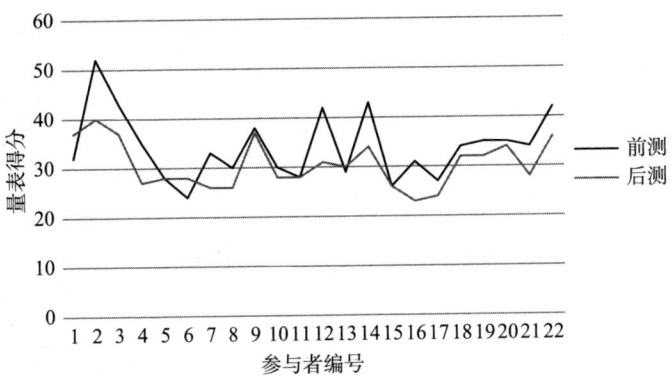

图 C-2　焦虑指数平均下降 11%

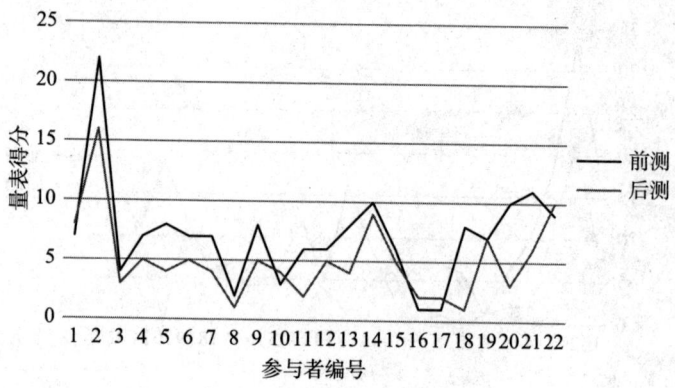

图 C-3　失眠指数平均下降 30%

附录 D

深圳迈瑞正念训练营效果评测

深圳迈瑞于 2023 年 4 月 6 日至 4 月 27 日,共举办四次正念训练营课程,主题分别为"正念基础""正念转化思维模式""正念情绪管理""正念转化行为模式",有 37 名学员参加。完成训练营培训之后,通过问卷调查,我们发现学员提升了觉知力,有效改善了负面情绪,如图 D-1~图 D-2 所示。

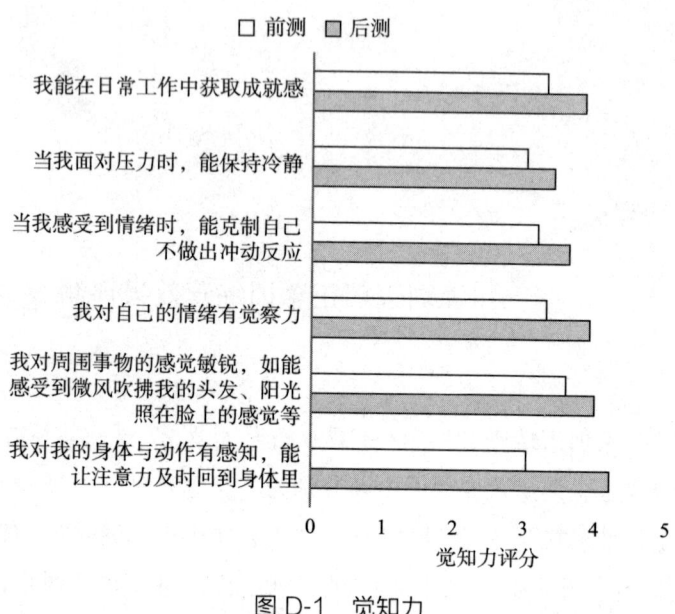

图 D-1　觉知力

根据图 D-1，可以看到通过正念练习：学员能够更加清晰地感知自己的身体感受与动作变化，并有意识地让注意力回归当下；当面对情绪的时候，学员对自身所处状态有了一定的观照能力，并能更好地控制自己，而不是被情绪控制；面对压力的时候可以更加冷静，工作中也更有成就感。

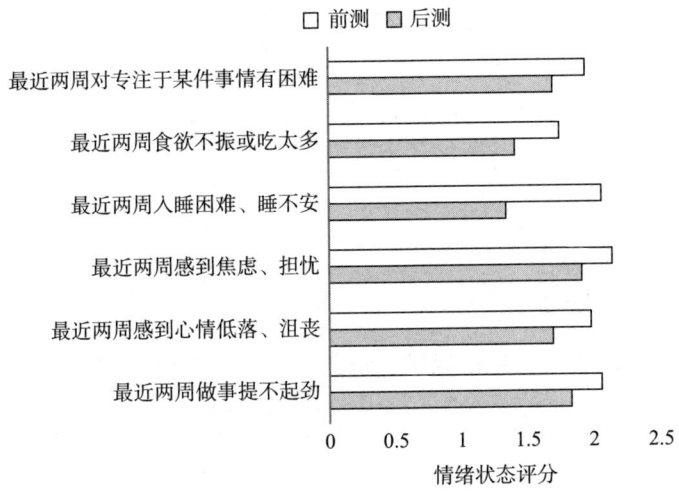

图 D-2　情绪状态

根据图 D-2，可以看到学员通过正念练习，其情绪状态有所改变，特别是负面情绪的改善，如缓解了焦虑、抑郁等情绪。正念帮助学员在工作上有了更高的专注力，饮食状况也有所改善。不少学员反馈在睡觉前进行正念呼吸、正念冥想或身体扫描，更容易入睡，且睡得更好。

致谢

此刻，想起在我成长道路上支持和陪伴过我的诸多老师和同伴，我内心生起无限感恩之情！

加拿大海文学院是我成长道路上的第一站，我在这里开启了自我探索、成长以及作为助教的第一步，这是一段伴随着艰苦、泪水、勇气、喜悦的历程，我不断穿越内在一个又一个的障碍。在这个过程中，如果没有诸多老师高品质的陪伴，我是很难完成的。海文老师们的热情、慈悲、活在当下等品质，让我终身受益！感谢如下教导过我的老师们：玛丽亚·格默里（Maria Gomori）、麦基卓（Jock McKeen）、琳达·尼科尔斯（Linda Nicholls）、戴维·雷斯比（David Raithby）、仙蒂·麦卡特尼（Sandey McCartney）、厄尼·麦克纳利（Ernie McNally）、凯西·麦克纳利（Cathy McNally）、韦恩·道奇（Wayne Dodge）、卡罗尔·埃姆斯（Carole Ames）、阿尔·钱伯斯（AL

Chambers)、凯西·怀尔德(Cathy Wilder)、莱斯利·怀特(Leslie Whyte)、格莱姆·布朗(Graemme Brown)、简·基斯曼(Jane Geesman)、萨拉·卢赫特(Sarah Lucht)、马林·法雷尔(Marlyn Farrell)、丹尼丝·戈德贝克(Denise Goldbeck)、托比·麦克林(Toby Macklin)、李文淑、冯铮、陶晓清、李文媛、邓锦平。看着这一个个熟悉的名字,我内心充满温暖而美好的回忆。

感谢葛印卡老师创立的国际内观课程体系,让我开始了系统的实修练习。内观课程止观双运、定慧兼具,十多年来让我不断加强心的力量,给我的成长转化提供了坚实的根基。感谢内观体系内诸多的助理老师们,你们热情无私的奉献让我在修行之路上坚定地走下去。

感谢济群法师创立的菩提书院,让我得以深入学习佛法的理论和智慧。感谢不远处禅学社的黎红彬、王春永等师兄,多年来组织我们系统学习各个体系的佛法经典,潜移默化地提升内在智慧。

感谢和我一起创立并运营当下健康正念平台的同事们:鲁业亮、黄静茵、范金晨、何双双、陈明。在你们的支持和帮助下,我们共同把正念的理念和方法通过多种形式传播给了更多人。

感谢机械工业出版社的编辑陈兴军,他让这本书有了脱胎换骨的改变。最初这本书更像是一本教材，是我比较理性化的呈现。兴军在正念领域有丰富的经验和创意，热情诚恳地提出了很多很好的建议，激发出了我内在更完整的情绪和灵感，这才让本书更有血有肉。感谢本书的文字编辑周范玖玉，精心细致地修订了书中的诸多错误。

感谢我的家人，我的太太丁立珩、女儿和儿子，你们让我的生命更完整。多年前，当我去参加成长课程学习前，那时还很小的女儿问我："爸爸，你去干吗？这么多天不回来。"我回答说："爸爸是去学习如何更好地爱你们呀。"是的，你们让我学习去爱，感受被爱，逐步活在爱中！

参考文献

1. 凯蒂. 一念之转：四句话改变你的人生［M］. 周玲莹，译. 北京：华文出版社，2009.

2. 阿姜查. 关于这颗心：戒·定·慧［M］. 赖隆彦，译. 海口：海南出版社，2008.

3. 霍尔. 正念教练［M］. 李娜，译. 北京：机械工业出版社，2016.

4. FRITH C. 心智的构建：脑如何创造我们的精神世界［M］. 杨南昌，等译. 上海：华东师范大学出版社，2012.

5. 梅. 焦虑的意义［M］. 朱侃如，译. 桂林：广西师范大学出版社，2010.

6. 威廉姆斯，蒂斯代尔，西格尔，等. 穿越抑郁的正念之道［M］. 童慧琦，张娜，译. 北京：机械工业出版社，2015.

7. 亚隆. 当尼采哭泣［M］. 侯维之，译. 北京：机械工业出版社，2011.

8. 麦基卓，黄焕祥. 懂得生命：在和谐关系中创造[M]. 陶晓清，译. 深圳：深圳报业集团出版社，2007.

9. 托利. 当下的力量[M]. 曹植，译. 北京：中信出版社，2009.

10. 康菲尔德. 狂喜之后[M]. 周和君，译. 昆明：云南人民出版社，2008.

11. 一行禅师. 正念的奇迹[M]. 丘丽君，译. 北京：中央编译出版社，2010.

12. 一行禅师. 佛陀传：全世界影响力最大的佛陀传记[M]. 何蕙仪，译. 郑州：河南文艺出版社，2014.

13. 扬，西蒙. 活着就为改变世界：史蒂夫·乔布斯传[M]. 蒋永军，译. 北京：中信出版社，2016.

14. 张德芬. 遇见未知的自己：都市身心灵修行课[M]. 长沙：湖南文艺出版社，2013.

15. 阿姜查. 证悟[M]. 赖隆彦，译. 深圳：深圳报业集团出版社，2009.

16. 卡巴金. 多舛的生命：正念疗愈帮你抚平压力、疼痛和创伤[M]. 童慧琦，高旭滨，译. 北京：机械工业出版社，2018.

17. 阿姜查. 无常[M]. 赖隆彦，译. 深圳：深圳报业集团出版社，2008.

18. 江味农，李叔同，净空法师．金刚经 心经 坛经［M］．武汉：长江文艺出版社，2014．

19. 马图雅诺．正念领导力：卓越领导者的内在修炼［M］．陆维东，鲁强，译．北京：机械工业出版社，2017．

20. 一行禅师．佛陀之心［M］．方怡蓉，译．海口：海南出版社，2010．

21. 吴艳茹．正念：照进乌云的阳光［M］．北京：机械工业出版社，2024．

22. 卡巴金．正念地活：拥抱当下的力量［M］．童慧琦，顾洁，译．北京：机械工业出版社，2024．

23. 卡巴金．觉醒：在日常生活中练习正念［M］．孙舒放，李瑞鹏，译．北京：机械工业出版社，2024．

24. 卡巴金．正念疗愈的力量：一种新的生活方式［M］．朱科铭，王佳，译．北京：机械工业出版社，2024．

25. 卡巴金．正念之道：疗愈受苦的心［M］．张戈卉，汪苏苏，译．北京：机械工业出版社，2024．

静观自我关怀

静观自我关怀专业手册

作者：[美] 克里斯托弗·杰默（Christopher Germer）克里斯汀·内夫（Kristin Neff）著
ISBN：978-7-111-69771-8

静观自我关怀（八周课）权威著作

静观自我关怀：勇敢爱自己的51项练习

作者：[美] 克里斯汀·内夫（Kristin Neff）克里斯托弗·杰默（Christopher Germer）著
ISBN：978-7-111-66104-7

静观自我关怀系统入门练习，循序渐进，从此深深地爱上自己

正 念

多舛的生命：正念疗愈帮你抚平压力、疼痛和创伤（原书第2版）

作者：[美] 乔恩·卡巴金（Jon Kabat-Zinn）著 ISBN：978-7-111-59496-3

正念减压（八周课）权威著作

正念：此刻是一枝花

作者：[美] 乔恩·卡巴金（Jon Kabat-Zinn）著 ISBN：978-7-111-49922-0

正念练习入门书

心理学大师经典作品

红书
原著：[瑞士] 荣格

寻找内在的自我：马斯洛谈幸福
作者：[美] 亚伯拉罕·马斯洛

抑郁症（原书第2版）
作者：[美] 阿伦·贝克

理性生活指南（原书第3版）
作者：[美] 阿尔伯特·埃利斯 罗伯特·A.哈珀

当尼采哭泣
作者：[美] 欧文·D.亚隆

多舛的生命：
正念疗愈帮你抚平压力、疼痛和创伤（原书第2版）
作者：[美] 乔恩·卡巴金

身体从未忘记：
心理创伤疗愈中的大脑、心智和身体
作者：[美] 巴塞尔·范德考克

部分心理学（原书第2版）
作者：[美] 理查德·C.施瓦茨 玛莎·斯威齐

风格感觉：21世纪写作指南
作者：[美] 史蒂芬·平克